버섯도감

자연 버섯 보호연구회 篇
寫眞 **허필욱**(야생화사진가)

지식서관

■ 도움을 주신 분

조유성 : 사진가
김완규 : 사진가
김형소 : 버섯 전문사진가

들고 다니는
버섯 도감

펴낸곳 | 도서출판 지식서관
펴낸이 | 이홍식
편저자 | 자연 버섯 보호연구회
사진 | 허필욱
디자인 | 디자인 감7
등록 | 1990. 11. 21 제96호
주소 | 경기도 고양시 덕양구 고양동 31-38
전화 | 031)969-9311 팩스 | 031)969-9313
e-mail | jisiksa@hanmail.net

초판 1쇄 발행일 | 2015년 4월 25일
초판 5쇄 발행일 | 2023년 2월 25일

머리말

 버섯에는 단백질, 각종 비타민, 무기염류 등 다른 식품에서는 얻을 수 없는 수많은 영양소를 함유하고 있는 유익한 건강 식품이다. 특히 고혈압, 당뇨병 등의 성인병에도 탁월한 효과가 있다.

 이 책에는 우리가 산과 들에서 가장 흔하게 만날 수 있는 100여 종의 버섯을 수록하면서, 버섯의 약성(성질과 맛), 병에 맞는 효능뿐만 아니라 버섯의 요리법도 자세히 알려 주고 있다.

 버섯은 나물로 먹는 약초와 마찬가지로, 데치거나 충분히 익히면 독성이 없어지기도 하지만 전문가가 아니라면 식용 버섯이라고 함부로 판단하여 식용하면 안 된다. 또한 요리법을 잘 숙지한 후에 식용해야 한다.

■ 버섯 기본 식별하기

버섯을 식별하려면 먼저 갓의 모양과 색상을 확인합니다. 또한 버섯에서 액체가 흐르는지 확인합니다.

1. 인편이 갓의 표면에 있는지 대에 있는지 확인합니다. (인편은 가시, 털, 분말처럼 보이는 것)
2. 갓의 밑면이 주름살형인지 그물형인지 확인하고 관공(미세한 구멍)이 있는지 확인합니다.
3. 대의 턱받이 유무, 대의 색상, 대의 표면 무늬 모양을 확인합니다.
4. 대의 속이 비었는지 확인합니다.
5. 버섯을 만질 때 색상이 변하거나, 절단하면 살색이 변하는지 확인합니다.

■ 버섯의 구조

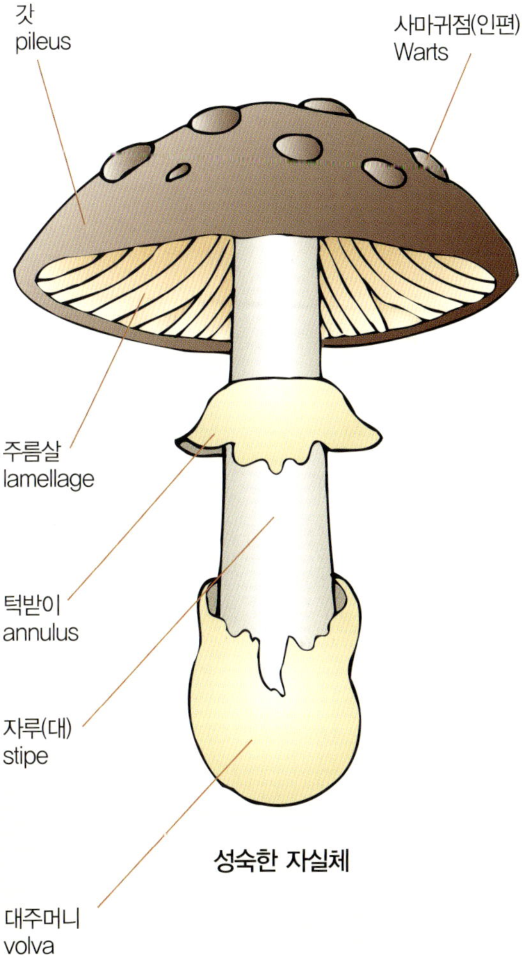

갓
pileus

사마귀점(인편)
Warts

주름살
lamellage

턱받이
annulus

자루(대)
stipe

성숙한 자실체

대주머니
volva

■ 버섯의 특징

- ⊙ 균류가 형성하는 대형의 자실체를 일컫는다.
- ⊙ 버섯을 만드는 균류는 자낭균류와 담자균류에 포함되지만, 대부분은 담자균류에 속한다.
- ⊙ 버섯의 대부분은 삼림의 생물로서, 삼림 생태계에서는 주로 낙엽과 목재를 분해한다.
- ⊙ 우리 나라에는 약 800여 종의 버섯이 알려져 있다.
- ⊙ 버섯은 자실체와 균사체로 구성되며, 양분은 균사체가 흡수한다.

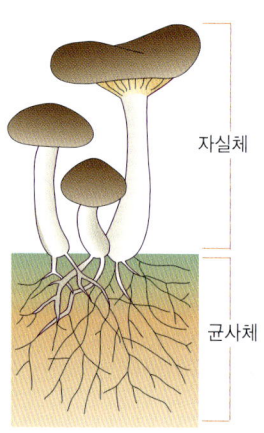

버섯의 체제

자실체

균사체

■ 대가 붙는 방법

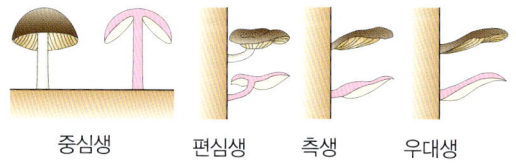

중심생   편심생   측생   우대생

■ 주름살과 대의 간격 확인하기

앞의 기본 식별법은 가장 기본이 되는 버섯 식별 방법이다. 이제 유사종이나 서로 비슷한 버섯을 구별하려면 버섯을 뒤집은 뒤 갓의 밑면 주름살이 대에 어떻게 붙어 있는지 확인해야 한다.

1. 떨어진주름살 : 갓의 밑면 주름살이 대에서 떨어진 상태이다.
2. 완전붙은주름살 : 갓의 밑면 주름살이 대와 직각으로 붙어 있는 주름살이다.
3. 내린주름살 : 갓의 밑면 주름살이 대의 아래쪽으로 내려져 있는 주름살이다.

주름살 구조

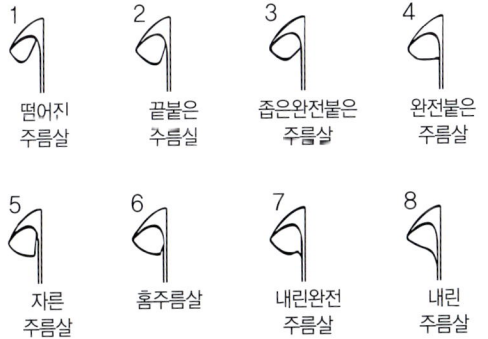

1. 떨어진 주름살
2. 끝붙은 주름살
3. 좁은완전붙은 주름살
4. 완전붙은 주름살
5. 자른 주름살
6. 홈주름살
7. 내린완전 주름살
8. 내린 주름살

contents

머리말 • 7
버섯 기본 식별하기 • 8
버섯의 구조 • 9
버섯의 특징 • 10
대가 붙는 방법 • 10
주름살과 대의 간격 확인하기 • 11

비타민 B2가 풍부한
능이버섯(향버섯) • 22

항암에 효능이 있는
노루궁뎅이버섯 • 25

항암에 효능이 있는
난버섯 • 30

식용 가능하지만 비슷한 독버섯이 있는
노란난버섯 • 33

맛은 있지만 독이 있는
문경곰보버섯 & 곰보버섯 • 35

식용을 할 수 있지만 위험한
마귀곰보버섯 • 40

발암 물질이 함유된
긴대안장버섯 • 43

버섯의 으뜸
송이버섯 • 45

맛이 좋은
잣버섯 • 50

썩은 고목에서 자생하는
요리솔밭버섯 • 54

식용할 수 있는
뽕나무버섯 • 57

향이 좋은 버섯
뽕나무버섯부치 • 60

식용 버섯의 하나인
갈색날긴뿌리버섯 • 62

항암, 식용이 가능한
끈적긴뿌리버섯 • 65

맛있는 버섯인
자주방망이버섯아재비 • 68

식용할 수 있는
콩나물애주름버섯 • 71

부채처럼 생긴
부채버섯 • 73

식용할 수 있으나 피하는
졸각버섯 • 76

식용할 수 있는
자주졸각버섯 • 77

식용할 수 있는
색시졸각버섯 • 78

항암에 효능이 있는
이끼살이버섯 • 80

항암에 효능이 있는
적갈색애주름버섯 • 84

타박상에 약용하는
애기낙엽버섯 • 86

전체적으로 분홍색인
앵두낙엽버섯 • 90

식용 버섯으로 유명한
달걀버섯 • 93

구워 먹으면 맛있는
노란달걀버섯 • 96

독버섯으로 알려진
붉은점박이광대버섯 • 99

소문난 맹독버섯
독우산광대버섯 • 102

독버섯인
암회색광대버섯
아재비 • 105

맛이 좋기로 소문난
연기색만가닥버섯 • 106

흰털이 있다가 탈락하는
흰털깔대기버섯 • 108

식용할 수 있는
처녀버섯 • 111

팥배꽃버섯
꽃버섯 • 113

붉은색의 꽃버섯
화병꽃버섯
(화병벚꽃버섯) • 114

몇 시간 만에 그물이
생겼다가 녹아내리는
노랑망태버섯 • 116

항암, 고혈압에 효능이 있는
망태버섯 • 121

게의 발처럼 생긴 버섯
세발버섯 • 124

어린 버섯을 식용하는
먹물버섯 • 127

항암에 효능이 있는
두엄먹물버섯 • 130

식용할 수 있는
큰눈물버섯 • 133

독버섯의 하나인
광비늘주름버섯
(노란대주름버섯) • 136

동물의 변에서 발생하는
좀말똥버섯 • 139

독버섯인
갈황색
　　미치광이버섯 • 141

쓴맛이 나는 버섯
망그물버섯 • 143

식용할 수 있는
붉은비단그물버섯 • 146

맛있는 버섯인
껄껄이그물버섯
(접시껄껄이그물버섯) • 149

이름이 바뀐 버섯
고깔쥐눈물버섯
(고깔먹물버섯) • 151

항암에 약용하는
간버섯 • 154

항암, 당뇨, 고혈압에 좋은
구름버섯(운지버섯) • 156

목재부후균인
도장버섯 • 160

뒤집어져서 자라는
때죽도장버섯 • 163

항암에 효능이 있는
등갈색미로버섯 • 167

밑면에 주름살이 있는
조개껍질버섯 • 169

백색부후균인
벽돌빛잔나비버섯 • 173

확실하게 버섯대가 있는
메꽃버섯부치 • 175

백색부후균인
부채메꽃버섯 • 177

당뇨, 건망증에 좋은
복 령 • 179

닭고기 대용으로 먹는
덕다리버섯 • 182

순환기 장애에 약용하는
한입버섯 • 184

소나무비늘버섯과 버섯
황갈색시루뻔버섯 • 187

나무를 흰색으로 부폐하게 만드는
갈색꽃구름버섯 • 189

항암 효능이 있는
목질진흙버섯(상황버섯) • 191

버섯대가 있는
고리갈색깔대기버섯 • 193

항암, 빈혈에 좋은
꽃송이버섯 • 195

신장염에 좋은 성분이 있는
기계충버섯 • 197

항암에 약용하는
흰둘레줄버섯(큰줄버섯) • 199

독버섯인
솔바늘버섯
  (줄바늘버섯) • 202

방귀처럼 포자를 발생하는
테두리방귀버섯 &
목도리방귀버섯 • 204

요리에서 즐겨 사용하는
목이버섯 • 207

목이버섯처럼 식용하는
털목이 • 210

식용 버섯인
아교좀목이 • 213

혀 모양의 버섯
혀버섯 • 215

젤리질의 뿔 모양 버섯
아교뿔버섯 &
등황색아교뿔버섯 • 218

불로초라고 불리는
영 지 • 220

항암에 효능이 있는
잔나비걸상버섯
(잔나비불로초) • 220

맛있는 버섯
싸리버섯 • 225

식용할 수 없는
노랑싸리버섯 • 227

식용할 수 없는
붉은싸리버섯 • 229

치매에 효능이 있는
좀나무싸리버섯 • 232

항암 유효 성분이 함유된
**꽃방패버섯
(꽃구멍장이버섯)** • 234

식용 및 약용하는
황소비단그물버섯 • 236

대에 그물 무늬가 있는
일본연지그물버섯 • 238

갓의 표면에 뾰족한 인편이 있는
침비늘버섯 • 241

고소한 맛의 식용 버섯
개암버섯 • 244

맹독버섯
노란다발 • 247

독버섯의 하나인
흙무당버섯 • 250

약간 매운 맛이 나는
수원무당버섯 • 253

고혈압에 특히 좋은
느타리 • 255

고혈압에 좋은
**흰느타리
(노랑느타리)** • 257

항암, 혈액순환에 효능이 있는
표고버섯 • 259

살구 냄새가 나는
꾀꼬리버섯 • 263

매우 맛있는 고급 버섯인
뿔나팔버섯 • 266

식용 버섯이지만 유사 독버섯이 많은
큰갓버섯 • 268

식용 및 약용할 수 있는
말불버섯 • 272

식용할 수 없는
비늘말불버섯 • 275

어릴 때는 식용할 수 있는
좀말불버섯 • 278

키가 큰 말징버섯
**키다리말징
(키다리말불)버섯** • 280

식용하고 약용하는
**귀신그물버섯
(솔방울그물버섯)** • 283

주홍색의 예쁜
들주발버섯 • 286

일종의 독버섯인
자주주발버섯 • 288

막걸리 주발 모양의
과립주발버섯 • 290

해조류 향이 나는
까치버섯 • 293

못처럼 생긴 버섯
못버섯 • 296

식용할 수 있지만 먹지 않는
애주름버섯 • 299

항암에 효능이 있는
치마버섯 • 301

근육 경련에 효능이 있는
콩버섯 • 304

콩나물 비슷한 외형의
습지등불버섯 • 306

식용 여부를 알 수 없는
이끼패랭이버섯 • 308

항암, 폐결핵에 효능이 있는
노린재동충하초 • 311

나방 번데기를 숙주로 하는
번데기동충하초 • 313

머리와 자루의 색이 비슷한
**유충붉은자루
　　　동충하초** • 316

비타민 B2가 풍부한
능이버섯(향버섯)

능이버섯과 *Sarcodon aspratus* 10~30cm

　전국에서 자란다. 자실체의 직경은 10~20cm, 높이는 10~30cm 내외이다. 버섯 갓의 모양은 깔때기 모양이지만 약간 오므라든다. 갓의 가운데는 구멍이 없지만 안쪽은 밑으로 대까지 뚫려 있다. 갓의 색상은 담홍백색이고 가뭄이 들면 흑갈색으로 변한다. 갓 표면에는 뿔 모양의 거친 인편이 있다. 버섯대의 길이는 3~20cm, 직경은 3~5cm 정도이고 흰색에 가까운 회색이다. 육질이 매우 단단하지만 식용 가능한 버섯이다.

▲ 발생 초기의 담색 색상
▼ 갓 부분이 오므라든 모습

- **발생 시기** 여름~가을

- **발생 위치**
  전국의 활엽수림 아래에서 군락을 이루는데 특히 참나무류 밑에서 출현 빈도가 높다. 일본에서도 자생한다.

- **갓 모양** 깔대기형, 표면에 각진 인편

- **주름살** 침 모양

- **대** 매끄러운 표면

- **포자**
  지름 5㎛ 정도의 담갈색의 기름 방울 모양. 사마귀 혹 같은 것이 포자에 붙어 있다.

- **채취** 가을에 채취한다.

- **식용**
  식용 가능. 약간 쓰고 떫은 맛이 난다. 생으로 섭취하면 독성이 있지만 건조시키거나 데쳐 먹으면 독성이 사라진다. 한번 데친 뒤 물기를 쭉 짜내고 각종 버섯 요리를 하듯 반찬으로 섭취한다.

- **약용**
  비타민 B2가 송이버섯에 비해 풍부하고 그 외에 비타민 C, D를 함유하고 있다. 소아의 발육, 구내염, 피부염, 백내장, 노화 예방에 좋다. 그 외에, 돼지고기를 먹고 체했을 때 삶은 물을 먹으면 효과를 본다.

항암에 효능이 있는
노루궁뎅이버섯

산호침버섯과 *Hericium erinaceum* 5~25cm

우리나라를 비롯한 극동아시아와 미국, 유럽에 분포한다. 어렸을 때는 약간 붉은 빛이 돌지만 성장하면서 백색이 되고 날씨가 건조하면 황간색이 된다. 활엽수 줄기에서 붙어서 자생한다. 자구체는 반구형이고 직경은 5~25cm 정도이다. 짧은 털이 바늘처럼 빽빽하게 나 있지만 스폰지처럼 부드럽다. 약용 및 식용이 가능하며 어린 자구체는 해산물 같은 식감이 있다. 흔히 곰발바닥, 해삼, 상어지느러미와 함께 4대 별미라고 불리는 버섯이다.

🍄 **발생 시기** 늦여름~가을

🍄 **발생 위치**
지리산, 덕유산, 호명산 일대의 나무에서 독자생존하거나 때로는 군락을 이룬다. 유럽에서는 너도밤나무 줄기에서 출현한다. 우리나라는 지리산의 활엽수 줄기에서 간혹 보인다.

🍄 **갓 모양** 해당 없음

🍄 **주름살** 해당 없음

🍄 **대** 해당 없음

🍄 **포자** 기름 방울 모양, 표면에 미세한 돌기

🍄 **채취**
늦여름~가을에 가급적 흰색의 싱싱한 것을 채취한 뒤 햇볕에 건조시킨다.

🍄 **식용**
식용 목적일 경우 어린 자구체를 채취한다. 싱싱한 자구체를 데쳐 나물 요리에 넣어 식용한다. 건조품은 냉수에 풀었다가 뜨거운 물에 데친 뒤 식용한다.

🍄 **약용**
맛은 달고 성질은 평하다. 위궤양, 소화불량, 강장 등의 위장 관련에 약용했으나 최근 Threitol, D-Arabinitol, Palmitic Acid 성분 등이 발견되어 치매, 신경쇠약, 노화 예방, 식도암 등에도 효능이 있는 것으로 밝혀졌다. 말린 버섯 60g을 달여 1일 2~3회 나누어 복용한다.

항암에 효능이 있는
난버섯

난버섯과 *Pluteus atricapillus* 6~15cm

나무의 부패를 일으키는 목재부후균이다. 숲의 활엽수 그루터기나 고목에서 홀로, 혹은 뛰엄뛰엄 군생한다. 주로 죽은 활엽소 고목에서 많이 볼 수 있다. 전체적으로 회갈색이고 반구형에서 편평형으로 성장한다.

식용 및 약용이 가능한 버섯이지만 비슷한 버섯이 많으므로 주름살이 떨어진 형인지 확인한다. 한번 데친 뒤 기름에 볶거나 찌개에 넣어 먹는다,

발생 시기 봄~가을

발생 위치
활엽수 그루터기 등에서 무리지어 군생하거나 홀로 발생하는데 주로 홀로 발생하는 경우가 많다.

갓 모양
갓의 지름은 5~14cm이고 반구형에서 편평형으로 전개한다. 갓의 표면은 회갈색이고 방사형 섬유 무늬나 가루 같은 인편이 있다. 전체적으로 살이 무른 편이다.

주름살
주름살은 빽빽하고 대에 떨어진 형이다. 색상은 흰색에서 연한 붉은색(살색)으로 변한다.

대
길이 6~12cm이고 속은 차 있고 단단하다. 대의 색상은 흰색이고 섬유상 무늬가 있다.

포자
포자의 크기는 8x6μm 정도이다. 광타원형이고 표면은 평탄하다.

채취
식용 혹은 약용 목적으로 채취한다.

식용
식용할 수 있는 식용 버섯이다. 쫄깃한 식감의 약간 맛이 좋은 버섯이다.

약용
항암에 효능이 있어 약용 버섯으로 이용하기도 한다.

식용 가능하지만 비슷한 독버섯이 있는
노란난버섯

난버섯과 *Pluteus leoninus* 2~6cm

전국에서 발생한다. 삿갓의 직경은 2~6cm 정도이다. 삿갓의 색상은 선황색이다. 삿갓의 모양은 종형이었다가 시간이 지나면 볼록한 평평한 모양으로 변하고 날씨가 습하면 삿갓 테두리에 방사선 주름이 나타난다. 버섯대의 높이는 3~8cm 정도이고 초기에는 속이 차 있지만 후기에는 비어 있다. 비슷한 버섯으로는 색상이 노란난버섯에 비해 아름답지 않은 '노란다발버섯'이 있는데 노란다발버섯은 독버섯이므로 주의해야 한다.

🍄 **발생 시기** 늦봄~초겨울

🍄 **발생 위치**
우리나라와 유럽, 북미, 북아프리카에서 분포한다. 숲그늘 아래의 축축한 땅에서 독자생존하거나 군락을 이룬다. 활엽수 고목 혹은 썩은 줄기, 떨어져 있는 줄기에서 발생하지만 때로는 침엽수 고목에서도 발생하고 톱밥에서도 발생한다.

🍄 **갓 모양** 종형, 반구형에서 편평형으로 성장한다.

🍄 **주름살**
떨어진형이고 빽빽하며 백색이지만 담홍색이 된다.

🍄 **대** 상하 같은 굵기, 하단에 어두운 색 무늬

🍄 **포자**
크기 6.5㎛ 정도의 기름 방울 모양이고 표면에 돌기가 없다.

🍄 **채취** 가을에 채취한다.

🍄 **식용**
된장국에 넣어 먹는데 맛이 부드럽고 버섯 향미가 난다. 식용 가능한 버섯이지만 '노란다발버섯' 같은 맹독성 독버섯과 비슷하므로 주의해야 한다. 노란난버섯은 조금 씹으면 부드러운 풍미가 있지만 노란다발버섯은 아주 쓴 맛이 난다.

🍄 **약용** 약용보다는 식용한다.

맛은 있지만 독이 있는
문경곰보버섯 & 곰보버섯

곰보버섯과 *Morchella esculenta* 4~6cm

　머리 부분은 둥근 난형이고 그물망은 다각형이거나 부정형이다. 이 중 곰보버섯은 머리 부분의 지름이 5~6cm 정도이고 오목한 곳의 내부 색상이 담황갈색이다. 만일 오목한 곳의 내부 색상이 검정색에 가까우면 문경곰보버섯이라고 한다. 머리를 포함한 전체 높이는 5~12cm 내외이다. 버섯의 전체적인 색상은 회갈색~담황갈색이다. 비슷한 버섯으로는 굵은대곰보버섯, 마귀곰보버섯, 흰곰보버섯 등이 있다.

37

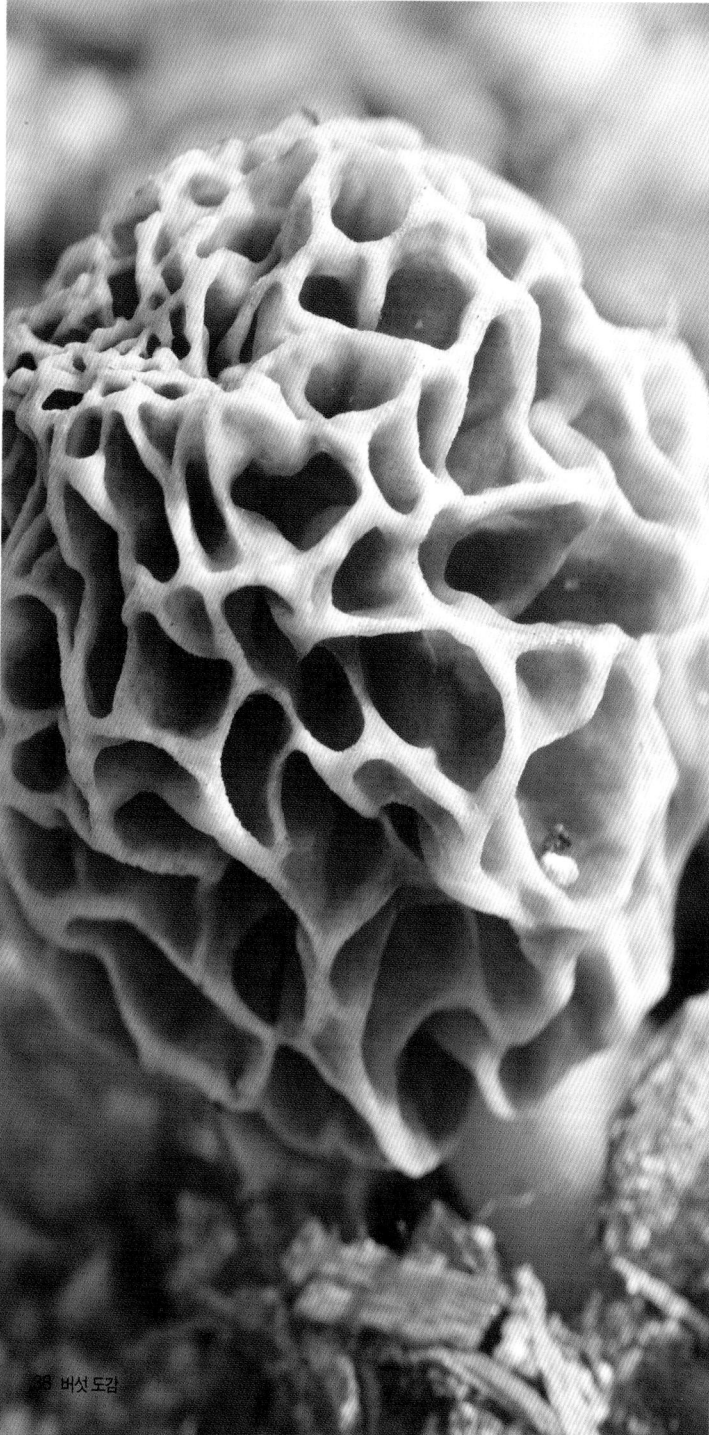

🍄 **발생 시기** 봄

🍄 **발생 위치**
곰보버섯은 지리산에서 자생하고 문경곰보버섯은 활엽수 아래에서 무리지어 자생한다. 보통 봄비가 내린 뒤 수림 아래를 살펴본다.

🍄 **갓 모양**
둥근 달걀형이고 다각형 그물망이 있다. 지름은 4~6cm 정도이다.

🍄 **주름살** 갓 모양이 아니므로 주름살이 없다.

🍄 **대**
길이 2.5~5cm 정도이다. 대의 하단부가 부푼 형태이다. 표면은 황색이고 쌀겨 같은 인편이 있다.

🍄 **포자** 타원형이고 표면에 돌기가 없다.

🍄 **채취**
식용할 경우 봄에 어린 버섯을 채취해야 하며 날것으로 섭취할 경우 독성이 심하다.

🍄 **식용** 식물체에 지로미트린, 헬벨산 등의 독성분이 함유되어 있다. 과다 섭취할 경우 위장 장애와 함께 사망에 이를 수 있다. 충분히 데친 뒤 건조시킨 것을 각종 요리로 식용한다. 진한 버섯 향이 난다.

🍄 **약용**
성질은 평하고 맛은 달다. 소화불량, 화담에 효능이 있다.

식용을 할 수 있지만 위험한
마귀곰보버섯

게딱지버섯과 Gyromitra esculenta 5~20cm

　아주 유명한 독버섯이다. 독버섯이지만 유럽에서는 오래 전부터 진미 요리로 식용해 온 버섯이다. 식용할 경우 펄펄 끓는 물에 3회 이상 끓여내고 끓여낼 때마다 깨끗한 물로 완전히 세척한다. 잘못 섭취할 경우 사망에 이를 수 있으므로 주의한다. 지금은 독일, 스위스, 스페인 등이 식용을 금하고 있다.

　봄~여름 사이에 침엽수 그루터기에서 드문드문 발생한다. 머리는 뇌 모양이거나 안장 모양이고 주름이 있다. 대의 속은 비어 있다.

- **발생 시기** 봄~여름

- **발생 위치**
  침엽수 그루터기에서 군생하거나 드문드문 자생한다. 톱밥에서 발생하기도 한다.

- **갓 모양**
  갓은 없고 대신 뇌 모양의 머리가 있다. 머리의 지름은 5~20cm 정도이다.

- **주름살** 갓 모양이 아니므로 주름살이 없다.

- **대** 길이 10cm이고 속은 비어 있다.

- **포자**
  타원형이고 표면은 매끄럽고 2개의 알갱이가 있다. 색상은 무색이다.

- **채취** 봄~여름에 채취한다.

- **식용**
  식물체에 지로미트린과 monomethylhydrazine 등의 독성분이 함유되어 있어 과다식용 할 경우 구토, 설사, 현기증, 정신착란, 사망에 이를 수 있다. 간혹 충분히 끓여서 데친 뒤 건조시킨 것을 식용하기도 하는데 주의해야 한다. 적당히 썰어서 2회 이상 끓여낸 뒤 깨끗한 물에 충분히 세척하고 건조시킨다.

- **약용**
  식물체에 발암 성분과 독성 성분이 함유되어 있는 유명한 독버섯이다.

발암 물질이 함유된
긴대안장버섯

안장버섯과 *Helvella elastica* 2~4cm

갓의 모양이 말 안장과 비슷하기 때문에 안장버섯이라고 불린다. 활엽수나 침엽수 숲의 땅에서 독자생존하거나 군생한다. 긴대안장버섯은 버섯대가 비교적 길고 전체적으로 노란빛을 띤 회백색에 가깝다. 유사한 버섯으로는 안장버섯(Helvella lacunosa)이 있는데 안장버섯은 전체적으로 회흑색에 가깝다. 안장버섯은 버섯대의 길이가 비슷하게 길지만 굵은 편이다. 둘 다 살이 잘 부서지는 버섯이다.

🔰 **발생 시기** 여름~가을

🔰 **발생 위치**
숲속의 땅에서 독자생존하거나 무리지어 군생한다.

🔰 **갓 모양**
머리의 모양은 말 안장 모양이고 지름 2~4cm이다. 갓의 테두리는 불규칙한 모양이고 갓의 색상은 황백색~회백색이다.

🔰 **자실층** 머리에 자실층이 있다.

🔰 **대**
길이 4~10cm이고 길며 가늘고 속은 비어 있다. 대의 표면에 세로줄 무늬가 있다.

🔰 **포자**
포자의 크기는 20×11㎛ 정도이다. 타원형이고 무색이며 표면은 매끄럽다.

🔰 **채취** 필요할 때 채취한다.

🔰 **식용**
식용 버섯으로 알려져 있지만 지로미트린(Gyromitrin) 독성이 함유되어 있으므로 식용 시 주의한다. 최근 안장 버섯류에 발암 성분이 있는 것으로 밝혀졌다.

🔰 **약용** 약용 불명이다.

버섯의 으뜸
송이버섯

송이버섯과 *Tricholoma matsutake* 8~30cm

　태백산맥과 소백산맥을 따라 자생한다. 찢어서 냄새를 맡아 보면 특유의 솔잎 비슷한 향이 난다. 향이 좋을수록 고급 송이로 취급한다.

　주 자생지는 10~60년 된 소나무 숲이며, 화강암 같은 바위와 키 작은 잡목이 군데군데 있는 곳에서 군생을 이룬다. 낙엽으로 떨어진 솔잎 밑에 깔려 있으므로 솔잎이 볼록하면 그 부분을 들쳐 보면 된다. 《동국여지승람》에서는 송이를 버섯의 으뜸으로 쳤다.

🍄 **발생 시기** 장마철~가을

🍄 **발생 위치**
소백산맥, 태백산맥 일대의 소나무나 잣나무 밑에서 발생하는데 주로 소나무 밑에서 많이 발생한다.

🍄 **갓 모양**
갓의 지름은 8~30cm 내외이다. 구형에서 반반구형으로 자라다가 중앙볼록편평형으로 성장한다. 표면에 담황갈색 인피가 있다. 속살색은 흰색이다.

🍄 **주름살**
빽빽형, 홈생긴형이다. 백색이거나 갈색 얼룩이 있다.

🍄 **대**
대의 속이 차 있고 원통형이다. 길이 10~20cm이다. 솜털의 턱받이 흔적이 있다.

🍄 **포자** 타원형이고 표면에 돌기가 없다.

🍄 **채취**
장마철에 발생한 송이는 품질이 나쁘므로 채취하지 않는다. 9~10월에 채취하는 것이 좋다.

🍄 **식용**
각종 요리로 섭취한다. 예컨대 송이적, 송이죽, 송이밥, 된장찌개로 먹는다.

🍄 **약용**
항암, 원기회복, 식욕증진, 혈액순환, 설사에 효능이 있고 각종 성인병 예방에 좋다.

맛이 좋은
잣버섯

송이버섯과 *Neolentinus lepideus*

 소나무와 잣나무 같은 침엽수 고목에서 독자생존하거나 몇 개가 군생을 한다. 버섯에서 약간의 솔잎 향이 난다. 조직은 조금 질기지만 맛이 좋다. 초기에는 갓 표면에 약간 점성이 있지만 점차 없어진다. 갓의 테두리에 하얀 털 같은 것이 있으므로 쉽게 구별할 수 있다. 갓의 표면은 흰색이거나 황토색이지만 갈라지면서 흰색 속살이 보일 수도 있다.

51

🌱 **발생 시기** 늦봄~가을

🌱 **발생 위치**
주로 침엽수 고목에서 발생한다. 지리산, 가야산, 유명산 일대에서 많이 발생한다.

🌱 **갓 모양**
갓의 지름은 5~30cm 내외이다. 반구형에서 편평한 모습으로 성장한다. 표면은 백색이거나 황토색이고 암갈색 인편이 있다. 속살은 백색이고 갓 테두리는 톱니 모양이거나 털이 있다.

🌱 **주름살**
주름살은 약간 성글고 홈생긴형~내린형이다. 주름살 색상은 흰색이다.

🌱 **대**
비교적 짧고 굵은 편이다. 대의 표면은 약간 꺼끌하게 갈라져 있는 경우도 있다.

🌱 **포자** 콩팥 모양이고 표면은 매끈하다.

🌱 **채취** 여름~가을에 채취한다.

🌱 **식용**
향과 맛이 좋고 육질은 비교적 단단하다. 연한 소나무 향기가 난다. 데친 뒤 식용한다.

🌱 **약용**
랜티넌, 래피던 성분이 함유되어 항암에 효능이 있다. 그 외 고혈압, 조혈, 간에 좋고 면역 기능을 활성화한다.

섞은 고목에서 자생하는
요리솔밭버섯

송이버섯과 *Arrhenia epichysium* 1~4cm

　버섯의 색상은 회갈색~황록갈색이고 건조하면 색이 옅어진다. 후기에는 일반적으로 엷은 노란색~올리브색인 경우가 많다.

　갓의 지름은 1~4cm 정도이다. 갓은 오목한 모양의 깔대기형으로 변하고 약간 질기다. 대는 원통형이고 길이 1.5~4cm 정도이고 기부에는 회색의 부스러기 같은 털이 있다. 후기 모양이 전체적으로 솥밭 모양을 연상시킨다.

🍄 **발생 시기** 여름~겨울

🍄 **발생 위치**
중북부 지대의 산과 해안가에서 자생하지만 한라산, 모악산 등에서도 볼 수 있다. 썩은 고목에서 독자생존하거나 군생을 이룬다. 침엽수나 활엽수림을 구분하지 않고 출현한다.

🍄 **갓 모양** 둥근 산 모양~편평형~오목깔대기형

🍄 **주름살**
주름살은 대에 내린형, 주름살 간격은 성글다.

🍄 **대** 상하 같은 굵기, 기부에 백색 털

🍄 **포자**
포자의 크기는 6.5×4.5μm 정도이다. 타원형이고 표면에 돌기가 없다.

🍄 **채취** 가을에 채취한다.

🍄 **식용**
식용 가능하지만 자실체의 크기가 작기 때문에 식용 가치가 없다. 맛과 향은 연하지만 인상적인 맛은 아니다.

🍄 **약용**
약용 버섯이 아닌 식용 버섯으로 널리 알려져 있다.

발생 시기 여름~가을

발생 위치
활엽수의 그루터기나 나무 수피에서 군생한다.

갓 모양
갓의 지름은 4~6cm 내외, 반구형에서 편평형으로 자란다. 표면은 황색이고 중앙부로 가느다란 인편이 몰려 있지만 성숙하면 탈락한다.

주름살
흰색이고 내린형이다. 후기에는 담갈색 얼룩이 생긴다. 살은 황백색이며 부드럽고 연하다.

대
길이 5~8cm인데 갓과 같은 색상이 지고 섬유질 느낌이 있으며 하단부는 어두운 흑색에 가깝다. 턱받이가 없다.

포자
포자의 크기는 8×6μm 정도이다. 흰색의 타원 모양이고 표면은 미끈하다.

채취 여름~가을에 채취한다.

식용
쌉싸름하며 쫄깃하고 향이 좋다. 소화가 잘 안 되고 복통이 발생할 수 있으므로 소금물에 팔팔 데친 후 식용한다.

약용 항암에 효능이 있다.

식용 버섯의 하나인
갈색날긴뿌리버섯

송이버섯과 *Oudemansiella brunneomarginata* 4~10cm

　전국의 깊은 산에서 때때로 볼 수 있는 버섯이다. 늦여름 ~가을 사이에 활엽수 고목에서 흩어져 발생하거나 몇 개씩 군생하여 발생한다.

　갓의 색상은 황백색이고 가장자리에 연한 방사형 주름이 있다. 습기가 많으면 끈적기가 생기면서 갓의 표면이 약간 반짝인다.

　줄기 속은 비어 있고 줄기 표면에 자갈색 인편이 있다. 식용할 수 있는 식용 버섯이다.

발생 시기
늦여름~가을

발생 위치
활엽수 고목에서 군생한다.

갓 모양
갓의 지름은 4~15cm 내외이고 둥근 산 모양에서 편평형으로 전개된다. 축축한 곳에서는 표면에 끈적기가 발생한다. 갓 표면의 색상은 자갈색에서 황갈색, 황백색으로 변한다. 갓의 가장자리에 방사형 줄무늬가 연하게 생길 때도 있다.

자실층
백색이다.

대
높이 4~10cm 내외의 연골질로서 속은 비어 있다. 대의 표면에 얼룩덜룩한 가로 방향 인편이 있다.

포자
광타원형~아몬드 모양이다. 포자의 크기는 17×10㎛ 정도이다.

채취
필요한 경우 채취한다.

식용
식용할 수 있다.

약용
약용 불명이다.

항암, 식용이 가능한
끈적긴뿌리버섯

송이버섯과 *Oudemansiella mucida* 3~8cm

　활엽수나 혼효림 아래의 오래된 고목에서 발생한다. 몇 개가 다발로 자라거나 여러 곳에 흩어져 자란다. 목재부후균으로, 목재를 자연에 환원하는 역할을 한다. 비슷한 버섯이 많으므로 대의 상단부에 막질의 흰색 턱받이와 전체적으로 점액질의 윤채가 있는지 확인한다. 식용 버섯이지만 점액질을 깨끗이 세척하고 식용한다. 약용 면에서는 항균, 항암에 효능이 있다.

🍄 **발생 시기** 여름~가을

🍄 **발생 위치**
깊은 산 혼효림 속의 고목이나 죽은 나무의 그루터기에서 주로 발생한다. 보통 몇 개가 다발로 발생한다.

🍄 **갓 모양**
갓의 지름은 3~8cm 내외이다. 반구형에서 편평형으로 성장한다. 표면은 흰색이거나 회갈색이인데 약간 투명하고 섬성이 있어 윤채가 난다.

🍄 **주름살** 주름살은 성글고 완전붙은형이다.

🍄 **대**
길이 3~7cm이고 상단부에 흰색 턱받이가 있다. 대의 속은 차 있고 약간 젤리 질감이다.

🍄 **포자**
포자의 크기는 20×18μm 정도이다. 원형~타원형이고 표면은 미끈하다.

🍄 **채취** 늦여름~가을에 채취한다.

🍄 **식용**
식용 가능하다. 점액질이 약간의 독성이 있다고도 하므로 점액질을 깨끗이 세척한 뒤 식용한다.

🍄 **약용** 항암, 항균 등에 효능이 있다.

맛있는 버섯인
자주방망이버섯아재비

송이버섯과 *Lepista sordida* 4~12cm

   여름~가을에 비옥한 풀밭이나 농촌의 밭에서 발생하는 버섯으로 보통 서너 개가 같이 발생한다.
   초기에는 갓의 색상이 자주색이지만 성숙하면 자줏빛이 도는 회갈색이 된다. 갓은 잘 부서진다. 향과 맛이 좋은 식용 버섯이다. 비슷한 버섯으로는 '가지버섯'이라고 불리는 '민자주방망이버섯'이 있는데 역시 식용할 수 있는 맛있는 버섯의 하나이다.

발생 시기 여름~가을

발생 위치
농촌의 밭이나 풀밭에서 홀로 발생하거나 서너 개가 같이 발생한다.

갓 모양
갓의 지름은 3~8cm이고 반구형에서 중앙이 오목한 편평형으로 전개한다. 갓의 색상은 옅은 자주색~자줏빛을 띤 갈색이다. 성숙하면 퇴색하여 황색~회갈색으로 변한다. 살은 옅은 자주색이고 잘 부서진다.

주름살
주름살은 성글고 대에 완전붙은형, 내린형, 끝붙은형, 홈생긴형 등이다. 주름살 색상은 옅은 자주색~회색이다.

대
길이 3~8cm이다. 대의 속은 차 있고 대의 표면은 섬유질, 기부는 흰털 같은 균사가 있다. 대의 색상은 옅은 자주색이다.

포자
포자의 크기는 7x4㎛ 정도이다. 타원형이고 표면에 돌기가 있다.

채취
식용 목적으로 채취한다.

식용
향이 좋고 맛이 좋은 식용 버섯이다.

약용
약용 여부는 알 수 없다.

식용할 수 있는
콩나물애주름버섯

송이버섯과 *Mycena galericulata* 3~9cm

　목재에 갈색 부패를 일으켜 자연에 환원하는 버섯이다. 깊은 산의 활엽수 고목이나 이끼 낀 썩은 나뭇가지에서 다발로 군생한다.

　갓의 색상은 회갈색~황갈색이고 조직은 얇다. 대의 길이는 3~7cm이고 속은 비어 있고 질기다.

　식용이 가능한 버섯이지만 식용 목적으로 채취하는 경우는 없다.

발생 시기 봄~가을

발생 위치
활엽수 고목이나 썩은 나뭇가지에서 무리지어 발생한다.

갓 모양
갓의 지름은 2~4.5cm이고 종형에서 중앙볼록 편평형으로 전개한다. 갓의 표면에는 방사형의 홈이 있고 색상은 회갈색~황갈색이고 중앙부는 짙다. 살색은 희고 조직은 얇다.

주름살
주름살은 약간 성글거나 빽빽하고 대에 완전붙은형, 끝붙은형이고 연락맥이 있다. 색상은 흰색이고 성숙하면 얼룩이 있는 옅은 분홍색이 된다.

대
길이 3~7cm이다. 가늘고 약간 비틀어져 있고 기부에는 흰색 털이 있다. 대의 색상은 갓과 비슷하고 속은 비어 있다.

포자
포자의 크기는 9x7㎛ 정도이다. 포자의 모양은 광타원형이다.

채취 더러 식용 목적으로 채취한다.

식용 식용할 수 있지만 질기고 맛이 없다.

약용 약용 효능은 알려지지 않았다.

부채처럼 생긴
부채버섯

송이버섯과 *Panellus stipticus*   1~2cm

　목재부후균으로, 나무를 썩혀 자연으로 환원시키는 역할을 한다. 독버섯이므로 식용 및 약용하지 않는다.

　깊은 산의 활엽수 고목이나 죽은 나무 가지에서 중첩되어 발생한다. 갓의 가장자리는 안으로 말리고 버섯 대는 매우 짧다. 갓은 전체적으로 황갈색이고 대는 갓보다 조금 연한 흰색에 가까운 황색이다. 전체적으로 가죽 질감의 버섯이다.

발생 시기 여름~가을

발생 위치
참나무 같은 활엽수 그루터기나 썩은 가지에서 무리지어 발생하거나 중첩되어 발생한다.

갓 모양
갓의 지름은 1~2cm이고 부채형이거나 콩팥형이다. 갓의 표면은 연한 황갈색이고 가상자리가 안으로 굽는다. 살은 가죽질이고 흰색~연한 황색이다.

주름살
주름살은 황갈색이고 빽빽하다. 중간에 연락맥이 있다.

대
대는 짧고 갓의 측면에 붙어 있다. 대의 색상은 갓과 같은 색사이거나 연한 황색이다. 대의 아래쪽이 부풀어 있다.

포자
포자의 크기는 5x2.5㎛ 정도이다. 타원형~원통형이고 표면은 평탄하다.

채취
채취하지 않는다.

식용
약간 매운 맛이 나지만 독버섯이므로 식용할 수 없다.

약용
약용 여부를 알 수 없다.

식용할 수 있으나 피하는
졸각버섯

송이버섯과 *Laccaria laccata* 1.5~3.5cm

참나무, 소나무, 자작나무 밑에서 발생하거나 길가, 이끼 위에서도 발생한다. '애이끼버섯'과 비슷하지만 2배 정도 크다. 식용 버섯이지만 유사하게 생긴 독버섯이 있으므로 채취 시 주의해야 한다. 약용 면에서는 항암에 효능이 있다.

유사종으로는 '큰졸각버섯', '색시졸각버섯', '밀졸각버섯', '자주졸각버섯', '젖꼭지졸각버섯' 등이 있다.

식용할 수 있는
자주졸각버섯

송이버섯과 *Laccaria amethystina* 1.5~3cm

졸각버섯의 하나로, 전체가 자주색~연자주색이다. 갓의 지름은 1.5~3cm이고 반구형에서 오목편평형으로 자란다. 주름살은 끝붙은형이고 성글다. 건조하면 버섯 전체가 짙은 황갈색~회갈색으로 변하고 주름살에만 자줏빛이 남는다. 대의 높이는 3~7cm이고 표면에 흐릿한 세로줄이 있다. 포자의 크기는 7.5~9㎛로 구형이고 밤송이 같은 바늘 돌기가 있다. 졸각버섯 종류 중에서 맛이 좋은 편에 속하는 버섯이다.

식용할 수 있는
색시졸각버섯

송이버섯과 *Laccaria vinaceoavellanea*   4~6cm

여름~가을 사이 활엽수 아래에서 발생한다. 갓의 지름은 4~6cm이고 중앙오목편평형이다. 갓의 표면에 방사형 홈선이 있다. 버섯 전체가 담홍색이고 건조하면 바래진다.

주름살은 내린형이자 성기고 주름살 색상은 갓과 비슷하다. 대의 높이는 5~8cm이고 표면에 세로줄이 있다. 포자는 구형이고 밤송이 같은 바늘 돌기가 있다. 비슷한 모양의 버섯으로는 회색꾀꼬리버섯(Cantharellus cinereus)이 있다.

- **발생 시기** 여름~가을

- **발생 위치**
  활엽수림 아래의 길가나 이끼 위에서 무리지어 발생한다.

- **갓 모양**
  갓의 지름은 1.5~3.5cm 내외이다. 반구형에서 오목한 편평형으로 성장한다. 갓의 색상은 어두운 적갈색이고 갈라지면서 파생된 인편이 있다.

- **주름살**
  끝붙은형이고 성글다. 색상은 담홍색이다.

- **대** 길이 3~5cm이고 갓과 같은 색상이다.

- **포자**
  포자의 크기는 7.5~10μm이다. 구형이고 침처럼 생긴 돌기가 빽빽하게 나 있다.

- **채취** 굳이 채취하지 않는다.

- **식용**
  맛이 연한 식용 버섯이다. 유사하게 생긴 독버섯이 있으므로 채취 시 주의해야 한다.

- **약용** 항암에 효능이 있다.

항암에 효능이 있는
이끼살이버섯

송이버섯과 *Xeromphalina campanella* 1~2cm

 침엽수림 아래의 고목이나 그루터기, 나무 파편, 이끼 주변에서 다량 발생하는 손톱만한 버섯이다. 갓은 종형에서 편평형으로 성장한다. 갓의 표면은 황갈색이다. 크기가 작고 맛이 없기 때문에 식용에는 부적합하다. 약용할 경우 항암에 효능이 있다. 건조하면 갓의 색상이 갈색, 노란색, 녹슨색, 황색, 주황색 등으로 되지만 일반적적으로 꼭지 부분의 색상은 더 짙다.

82 버섯도감

- **발생 시기** 여름~가을

- **발생 위치**
  침엽수 숲의 그루터기나 나무파편의 이끼에서 무리지어 다발로 발생한다.

- **갓 모양**
  갓의 지름은 1~2cm 내외이다. 종형에서 반구형이 되었다가 오목편평형이 된다. 표면은 황갈색이고 축축하면 방사형 주름이 나타난다.

- **주름살**
  끝붙은내린형이다. 약간 성글고 황색이다. 살색은 황색이다.

- **대**
  길이 1~5cm이고 질긴 젤리질이거나 각질이다. 대의 하부는 황갈색이고 상부는 조금 밝다.

- **포자**
  포자의 크기는 7×4㎛ 정도이다. 장타원 모양이고 표면은 미끈하다.

- **채취** 여름~가을에 채취한다.

- **식용** 식용하지 않는다. 맛은 쓰고 소화가 잘 되지 않는 버섯이다.

- **약용** 항암 효능이 있다.

항암에 효능이 있는
적갈색애주름버섯

송이버섯과 *Mycena haematopoda* 3~15cm

활엽수 그루터기나 죽은 나뭇가지에서 군생하는 버섯으로 버섯을 따다 보면 손가락에 진홍색 액이 묻는다. 목재에 백색 부패를 일으켜 자연에 환원하는 버섯이다. 유사한 버섯이 많으므로 상처를 낼 때 붉은색 유액이 나오는지 확인하고 갓의 가장자리가 톱니 모양인지 확인한다. 애주름버섯류는 식용 버섯과 독버섯이 있으므로 가급적 식용을 피하는 것이 좋다.

발생 시기 여름~가을

발생 위치
활엽수 그루터기나 썩은 나뭇가지에서 다발로 발생한다.

갓 모양
갓의 지름은 1~3cm이고 원추형에서 중앙이 볼록한 편평형으로 전개한다. 갓의 색상은 자줏빛을 띈 갈색~적갈색이다. 갓 둘레에는 방사형 주름이 있고 가장자리는 톱니 모양이다. 살에 상처를 내면 붉은색 유액이 흐른다.

주름살
주름살은 성글고 대에 완전붙은형으로서 약간 내린 모양이다. 주름살 색상은 흰색~보라빛을 띈 갈색~적갈색이다.

대
길이 1~13cm이다. 대의 색상은 갓과 같고 상처를 내면 붉은색 유액이 흐른다.

포자
포자의 크기는 10x6.5㎛ 정도이다. 구형~기름방울 모양이고 표면은 평탄하다.

채취
약용 목적으로 더러 채취하는 경우도 있다.

식용
연하고 쓴맛이 난다. 식용 여부는 알 수 없다.

약용
항암에 효능이 있기 때문에 더러 약용하는 경우도 있다.

타박상에 약용하는
애기낙엽버섯

송이버섯과 *Marasmius siccus* 1~2cm

가을이 되면 비가 온 뒤 어느 정도 날씨가 따뜻할 때 활엽수의 낙엽 더미 사이에서 방대하게 발생하는 흔한 버섯이다. 낙엽분해균으로 낙엽을 부패시킨 뒤 자연으로 환원하는 버섯이다. 비슷한 모양의 버섯으로는 갓의 색상이 붉거나 핑크색에 가까운 종이꽃낙엽버섯(앵두낙엽버섯, Masmuis pufcherripes)과 맑은애주름버섯(Mycena pura) 등의 버섯이 있다.

버섯 도감

발생 시기 여름~가을

발생 위치
혼효림 숲 속에서 흔히 발생하는데 주로 활엽수 숲속에서 많이 볼 수 있다. 보통 여러 곳에 흩어져 발생한다.

갓 모양
갓의 지름은 1~2cm 내외이다. 갓의 모양은 종형이거나 반구형이고 종이 재질처럼 보인다. 표면에는 방사선상 주름이 있다. 표면의 색상은 황토색~갈색이다.

주름살
완전붙음형~떨어진형이다. 주름살은 성글다.

대
길이는 4~7cm이다. 철사처럼 생겼고 대의 위는 흰색, 아래는 흑갈색이다.

포자
포자의 크기는 19×4.5㎛ 정도이다. 방추 모양이고 표면은 미끈하다.

채취
공원 숲속의 낙엽 사이에서 흔히 발생하므로 쉽게 채취할 수 있다.

식용
쓴 맛이 나고 약간의 악취가 있다. 식용 불명이다.

약용
어혈, 골절, 타박에 효능이 있다. 9~15g을 달여 먹는다. 비슷한 버섯이 많으므로 반드시 주름살 모양을 보고 채취한다.

전체적으로 분홍색인
앵두낙엽버섯

송이버섯과　*Marasmius pulcherripes*　3~8cm

　잣나무나 소나무, 활엽수 아래의 낙엽 더미에서 발생하는 버섯이다. 갓의 지름은 0.8~1.5cm의 작은 크기이고 높이는 3~8cm이다. 갓의 색상은 전체적으로 분홍색~황색을 띠는데 퇴락해도 갓의 중심부 색상은 진한 색으로 남아 있는 경우가 많다. 식용 및 약용 여부는 알 수 없지만 더러 약용하는 경우도 있다. 우리나라와 미국 등에서 자생한다.

발생 시기 여름~가을

발생 위치
혼합림 아래의 땅에 떨어진 낙엽 더미에서 홀로 발생하거나 군생한다.

갓 모양
갓의 지름은 0.8~1.5cm이고 종형에서 조금 편평형으로 전개한다. 갓의 표면은 붉은색, 자홍색, 황색 등이 있는데 보통 분홍색~홍색이다. 갓의 가장자리에 주름이 있고 살은 얇다.

주름살
주름살은 성글고 대에 바른주름살 혹은 떨어진주름살이다. 주름살 색상은 흰색이거나 분홍색이다.

대
길이 3~6cm이다. 대의 상단은 흰색, 아래는 흑갈색이고, 전체적으로 철사 모양이다.

포자
포자의 크기는 14x4㎛ 정도이다. 포자의 모양은 불규칙한 곤봉형이거나 방추형이다.

채취
간혹 약용 목적으로 채취하는 경우도 있다.

식용
맛은 약간 쓰고 마일드하지만 식용하지 않는다.

약용
더러 약용 버섯으로도 이용하기도 한다. 혈전을 용해하는 작용을 한다.

식용 버섯으로 유명한
달걀버섯

광대버섯과 *Amanita hemibapha* 6~18cm

 활엽수 아래의 땅에서 단독으로 자라거나 몇 개가 군생한다. 갓의 테두리에 홈선이 뚜렷하고 대의 표면에 황색 얼룩과 턱받이가 있다. 대의 기부에는 외피가 남아 있다. 초기에는 대의 속이 차 있지만 후기에는 대의 속이 조금 비어 있다. 갓의 색상은 적색이거나 황적색이고 갓의 중앙부는 붉은색, 테두리는 황색인 경우도 있다.
 맛이 좋은 식용 버섯이지만 부패 속도가 빠르기 때문에 채취한 날 바로 요리해서 먹는 것이 좋다.

94 버섯도감

📌 **발생 시기** 여름~가을

📌 **발생 위치**
활엽수나 혼효림 아래의 숲에서 독자생존하거나 군생한다.

📌 **갓 모양**
달걀 모양의 외피에 쌓여 있다가 외피가 갈라지고 머리가 올라온다. 머리는 종 모양에서 편평형으로 자란다. 표면 색상은 붉은색~적황색이다. 갓의 표면에 약간의 점성이 있고 테두리에 방사형 홈이 있다.

📌 **주름살**
떨어진형이고 황색이고 다소 빽빽하다. 살색은 연노란색이다.

📌 **대**

길이 10~17cm이고 황갈색이고 얼룩이 있다. 대의 상단부에 막질의 턱받이가 있다. 기부에 흰색의 대주머니가 남아 있다.

📌 **포자**
포자의 크기는 8.5×7㎛ 정도이다. 흰색의 광타원 모양이고 표면은 미끈하다.

📌 **채취** 여름~가을에 채취한다.

📌 **식용**
식용 버섯으로, 채취 즉시 식용해야 하며 장기간 보관할 경우 부패한다.

📌 **약용** 약용보다는 식용 버섯으로 유명하다.

구워 먹으면 맛있는
노란달걀버섯

광대버섯과 *Amanita hemibapha* 7~18cm

　지리산이나 경북 등의 깊은 산에서 발생하는 버섯으로서 갓과 대의 색상이 황색이다. 대에는 턱받이가 있고 대의 기부에는 흰색의 알주머니 형태의 대주머니가 남아 있다.
　전체적으로 붉은색의 '달걀버섯'과 유사하지만 비슷한 모양의 '개나리광대버섯'은 독버섯이므로 채취시 주의한다. '달걀버섯'과 '노란달걀버섯'은 식용이 가능하고 '개나리광대버섯'은 생명을 위독하게 하는 독버섯이다.

🍄 발생 시기 여름~가을

🍄 발생 위치
깊은 산의 활엽수나 침엽수 아래에서 홀로 발생하거나 군생한다. 주로 남부 지방의 깊은 산에서 볼 수 있고 홀로 혹은 서너 개가 같이 발생한다.

🍄 갓 모양
갓의 지름은 5~15cm이고 반구형에서 편평형으로 전개한다. 갓의 둘레에 방사형 주름이 있다. 갓의 색상은 황색~짙은 황색이다.

🍄 주름살
주름살은 빽빽하고 대에 떨어진형, 주름살 색상은 황색이다. 살색은 옅은 황색이다.

🍄 대
길이 5~15cm이다. 대의 상단은 갓과 비슷한 황색이고 턱받이가 있다. 기부에는 흰색의 둥근 대주머니가 남아 있고 대의 속은 비어 있다.

🍄 포자
포자의 크기는 8x6㎛ 정도이다. 광타원형이고 표면은 평탄하다.

🍄 채취
식용 목적으로 채취하는데 비슷한 모양의 '개나리광대버섯' 이란 독버섯이 있으므로 채취에 주의한다.

🍄 식용
달걀버섯과 노란달걀버섯은 주로 구워먹는 것이 맛있다.

🍄 약용 식용 버섯으로 더 유명하다.

독버섯으로 알려진
붉은점박이광대버섯

광대버섯과 *Amanita rubescens* 5~20cm

혼합림 아래에서 발생하는 광대버섯의 하나이지만 독버섯인 동시에 식용이 가능한 버섯이기도 하다. 일반적으로 싱싱한 버섯을 충분히 데쳐서 식용하되 독버섯인 '마귀광대버섯'과 비슷하므로 가급적 식용을 피한다.

갓의 지름은 5~20cm이고 처음에는 반구형이었다가 편평형을 지나 깔대기형이 된다. 갓의 표면은 적갈색이고 회색~갈색의 외피막이 불규칙하게 붙어 있다.

🍄 **발생 시기** 여름~가을

🍄 **발생 위치**
전국의 깊은 산 혼합림 아래에서 홀로 발생하거나 군생한다. 침엽수림 아래에서 더 많이 볼 수 있다.

🍄 **갓 모양**
갓의 지름은 5~20cm이고 반구형에서 편평형, 깔대기형으로 전개한다. 갓의 표면은 적갈색이고 회색~갈색의 외피막 파편이 반점처럼 붙어 있다. 살색은 흰색이지만 상처를 내면 붉은색~갈색으로 변색된다.

🍄 **주름살**
주름살은 약간 빽빽하고 대에서 떨어진형이다. 주름살 색상은 흰색이고 상처를 내면 붉은색~갈색 얼룩이 나타난다.

🍄 **대**
길이 8~24cm이다. 대의 색상은 연한 붉은색이고 대의 상단에 고리 모양 외피막 파편이 있지만 성숙하면 없어진다. 대의 기부는 부풀어 있다.

🍄 **포자**
포자의 크기는 9x5.5㎛ 정도이다. 타원형~달걀형이다.

🍄 **채취**
독버섯이지만 식용 목적으로 채취하는 경우도 있다.

🍄 **식용**
가급적 식용을 피하는 것이 좋다.

🍄 **약용**
약용 여부는 알려지지 않았다.

소문난 맹독버섯
독우산광대버섯

광대버섯과 *Amanita virosa* 6~15cm

　섭취하면 즉사하는 맹독성 버섯이다. 비슷한 생김새인데 대에 인편이 없으면 '흰알광대버섯'이다. 갓의 표면에 연한 갈색의 삼각꼴 사마귀 돌기가 있으면 독버섯인 '양파광대버섯'이다. 양파광대버섯은 갓의 테두리에 사마귀 돌기의 파편이 붙어 있고 버섯대 기부가 공처럼 둥글다. 양파광대버섯과 비슷한 '흰돌기광대버섯'은 버섯대의 위아래 굵기가 비교적 비슷하다.

▲ 양파광대버섯
▼ 흰가시광대버섯

발생 시기 여름~가을

발생 위치
숲속에서 나무의 뿌리에 공생하여 무리지어 발생한다.

갓 모양
갓의 지름은 6~15cm이다. 종형, 원추형에서 중앙볼록편평형으로 성장한다. 표면은 흰색이고 매끈하고 습하면 점성이 있다.

주름살
떨어진형이고 흰색이다. 주름살 간격은 약간 성기거나 빽빽하다.

대
길이는 12~24cm이고 하단부는 둥글게 부푼다. 상단부에 커텐 모양의 턱받이가 있다. 턱받이 하단부 대에는 섬유질 같은 인편이 있다.

포자
포자의 크기는 7×7㎛ 정도이다. 둥근 공 모양이며 표면은 매끄럽다.

채취 채취를 피한다.

식용
독우산광대버섯은 소문난 독버섯이다. 잘못 먹으면 즉사한다.

약용 약용 불명이다.

독버섯인
암회색광대버섯아재비

광대버섯과 *Amanita pseudoporphyria* 3~11cm

　여름~가을에 활엽수림과 침엽수림에서 발생한다. 지름은 3~11cm이고 표면은 회색~회갈색이고 중앙은 짙다. 갓의 모양은 반구형에서 편평형으로 성장하고 방사형 선이 있다. 갓 둘레에 남아 있는 외피막은 탈락한다. 주름살은 빽빽하고 떨어진주름살이고 흰색이다. 살색은 흰색. 버섯 대는 길이 5~12cm, 턱받이는 커튼 같고 흰색이다. 턱받이 아래쪽 대는 인편이 있고 기부는 부풀어 있고 대주머니는 칼집 모양이고 흰색이다. 독버섯.

맛이 좋기로 소문난
연기색만가닥버섯

만가닥버섯과 *Lyophyllum fumosum* 2~15cm

하나의 뿌리에서 수많은 가닥이 올라오기 때문에 만가닥버섯이라고 하며, 이 중 갓의 색상이 회색~검정색인 버섯이 연기색만가닥버섯이다. 비슷한 버섯으로는 '만가닥버섯', '잿빛만가닥버섯', '땅지만가닥버섯', '반투명만가닥버섯' 등이 있는데 모두 식용할 수 있다. '반투명만가닥버섯'은 상처를 받으면 잿빛으로 변하고 '땅지만가닥버섯'는 맛이 좋기로 소문났지만 국내에서는 잘 보이지 않는다.

발생 시기 가을

발생 위치
혼효림 아래의 땅에서 무리지어 발생한다.

갓 모양
갓의 지름은 2~15cm 내외이다. 반구형에서 편평형으로 자라가다 뒤집어진 접시형이 된다. 표면은 잿빛~회갈색이다.

주름살
완전붙은형, 내린형, 홈생긴형이다. 주름살 색상은 흰색~담회색이고 빽빽하다. 살색은 흰색이다.

대
길이 1~10cm이다. 뿌리가 이웃 버섯과 붙어 있다.

포자 구형이고 표면은 미끈하다.

채취
핵산 함량이 높다. 만가닥버섯 중에서 맛있는 버섯 중 하나이므로 필요 시 채취해 식용하다.

식용
버섯 향이 좋고 씹는 맛도 뛰어나므로 흔히 식용하지만 자생시가 별로 없다.

약용
식용 버섯으로 유명하지만 잿빛만가닥버섯이 항암 효능이 있으므로 이 버섯도 그와 비슷한 효능이 있을 것으로 추정된다.

흰털이 있다가 탈락하는
흰털깔대기버섯

만가닥버섯과 *Lyophyllum connatum* 4~8cm

흰털깔때기버섯과 비슷한 버섯은 '흰주름만가닥버섯', '탈버섯' 등이 있지만 이들 버섯은 아직 계통 분류가 명확하지 않은 혼돈되는 종들이다. 흰주름만가닥버섯과 흰털깔때기버섯은 거의 비슷하지만 후자가 더 깔대기형에 가깝다. 둘 다 여러 버섯의 밑이 합쳐져 있는 경우가 많다. 식용 여부는 명확하지 않지만 더러 식용하기도 한다. 갓에는 흰털이 있지만 성숙하면 탈락한 뒤 미끈해지고 색상도 다소 회색으로 변한다.

🌱 **발생 시기** 여름~가을

🌱 **발생 위치**
활엽수 혹은 혼효림 아래에서 독자생존하거나 군생한다.

🌱 **갓 모양**
갓은 종형, 둥근산형에서 중앙볼록편평형으로 성장한다. 갓의 지름은 4~8cm이다. 갓의 표면은 흰색이며 털이 있지만 후기에는 회색, 담황색으로 변하고 털이 사라진다.

🌱 **주름살**
완전붙은형~내린주름살이고 주름살의 색상은 흰색~황백색이다. 살색은 흰색이다.

🌱 **대**
대는 흰색이며 길이 3~10cm이고 하단부가 굵고 옆 버섯과 결탁해 있기도 한다. 대의 속은 차 있고 표면에는 흰털이 있다.

🌱 **포자**
포자의 크기는 6×4㎛ 정도이고 흰색이다.

🌱 **채취** 여름~가을에 채취한다.

🌱 **식용**
식용 불명이다. 더러 식용이 가능하다고 주장하는 경우도 있다.

🌱 **약용** 약용 불명이다.

식용할 수 있는
처녀버섯

벚꽃버섯과 *Hygrocybe pratensis* 2~7cm

초원 지대나 대나무 숲에서 발생하는 등황색 버섯이다. 주름살은 성글고 내린주름살이다.

비슷한 모양의 버섯인 흰색처녀버섯(Hygrocybe virginea)은 갓이나 대의 색상이 흰색이기 때문에 눈빛처녀버섯이라고도 불린다. 흰색처녀버섯은 갓의 지름이 2~5cm, 대의 길이는 3~4cm이고 침엽수림이나 초원 지대에서 군생한다. 둘 다 식용할 수 있는 식용 버섯이다.

🍄 **발생 시기** 여름~가을

🍄 **발생 위치**
숲속의 땅이나 초원 지대, 대나무 숲에서 독자생존하거나 군생한다.

🍄 **갓 모양**
갓의 지름은 2~7cm이고 둥근 산 모양에서 중앙볼록편평형으로 성장한다. 갓의 색상은 등황색이고 끈적임은 없다.

🍄 **주름살**
내린주름살이고 주름살 간격은 성기다. 주름살은 서로 연결되어 있다. 살색은 갓 색상보다 조금 연하다.

🍄 **대**
길이 3~7cm이고 아래쪽으로(뿌리 쪽으로) 가늘어진다. 대의 색상은 연한 등황색이다.

🍄 **포자**
포자의 크기는 6×5㎛ 정도이다. 달걀형~타원형이고 표면은 매끄럽다.

🍄 **채취** 필요할 때 채취한다.

🍄 **식용**
특별한 향은 없고 맛이 담백한 식용 버섯이다. 흰색처녀버섯과 비슷한 비단깔때기버섯(Clitocybe candicans)은 독버섯이므로 오인하지 않도록 주의한다.

🍄 **약용** 약용 불명이다.

팥배꽃버섯
꽃버섯

벚꽃버섯과 *Hygrocybe punicea* 0.5~2cm

 숲의 이끼에서 발생하는 버섯이다. 갓의 지름은 0.5~2cm이고 대의 길이는 2~5cm이다. 갓의 모양은 둥근 산 모양 등이고 가운데가 조금 오목하다. 주름살은 내린주름살이다. 모양, 크기, 색상에 따라 꽃버섯, 팥배꽃버섯, 노란꽃버섯, 새벽꽃버섯, 붉은꽃버섯, 붉은산꽃버섯, 화병꽃버섯 등 30여 종의 비슷한 버섯이 있다. 식용 가능한 버섯과 식용 불가능한 버섯이 있으므로 주의해야 한다.

붉은색의 꽃버섯
화병꽃버섯(화병벚꽃버섯)

벚꽃버섯과 *Hygrocybe cantharellus* 4~9cm

　'화병벚꽃버섯' 혹은 '화병무명버섯' 이라고도 불린다. 깊은 산의 소나무 아래 부식질 토양이나 이끼에서 발생한다.
　버섯의 높이는 3~10cm 정도이고 버섯 전체가 주홍색~붉은색이다.
　식용 및 약용 여부는 알려지지 않았지만 해외에서는 식용버섯으로 취급하기도 한다.

🍄 **발생 시기** 여름~가을

🍄 **발생 위치**
깊은 산의 소나무 숲 아래의 땅이나 축축한 이끼에서 홀로 발생하거나 군생한다.

🍄 **갓 모양**
갓의 지름은 1~3.5cm이고 반구형에서 중앙이 오목한 형태로 전개한다. 갓의 표면은 주황색~주홍색~붉은색이고 미세한 인편이 있다. 살은 얇고 붉은색이다.

🍄 **관공**
주름살은 성글고 대에 긴내린형이다. 주름살 색상은 황색~짙은 황색이다.

🍄 **대**
길이 4~9cm이고 붉은색이다. 대의 하단이 조금 굵고 부풀어 있다.

🍄 **포자**
포자의 크기는 12×7㎛ 정도이다. 타원형이고 표면은 평탄하다.

🍄 **채취** 채취하지 않는다.

🍄 **식용**
식용 여부를 알 수 없다. 해외에서는 식용 버섯으로 취급하기도 한다.

🍄 **약용**
약용 여부를 알 수 없다.

몇 시간 만에 그물이 생겼다가 녹아내리는
노랑망태버섯

말뚝버섯과 *Dictyophora indusiata* 10~20cm

 초기에는 알 모양의 갓이 땅에서 올라온다. 갓의 색상은 흰색~담갈색이다. 알 표면에 암록색 점액이 있어 악취가 난다.
 장마철 전후 대의 높이가 15cm 정도로 자라면 갓의 하단부에서 노란색 망사가 자란다. 노란색 망사가 아래쪽으로 내려오면서 완전히 펼쳐지는 시간은 보통 2~3시간 정도이다. 망사가 완전히 펼쳐질 경우의 지름은 10~20cm 정도이다. 망사의 색상이 붉은색에 가까우면 '분홍망태버섯'이라고 부른다.

분홍망태버섯(노랑망태버섯)

3시간 만에 그물이 만들어지는 노랑망태버섯.
(뒤쪽의 것도 같이 노란 그물이 만들어지는 모습이 재미있다.)

발생 시기 여름 장마철 전후

발생 위치
전국의 산에서 자생하는데 장마철 전후에 많이 볼 수 있다. 주로 땅에서 올라오지만 썩은 나무에서 자라기도 한다. 독자생존하거나 몇 개가 군생을 이룬다. 혼효림 아래에서 볼 수 있다.

갓 모양
종형, 그물 모양의 융기가 있다. 직경은 3~4cm 정도이다.

주름살
종 모양의 갓 아래쪽에서 노란색 그물 모양 망사가 만들어진다.

대
상하 같은 굵기, 속은 비어 있고, 표면에 홈이 많다.

포자
크기는 4×2.5㎛ 정도이다. 타원형이고 표면에 돌기가 없다.

채취 채취하지 않고 감상한다.

식용
가급적 식용은 피한다. 노란 망사는 식용하지 않지만 더러 대 부분만 익혀 먹기도 한다.

약용
약용으로 사용할 경우, 망태의 색상이 흰색인 '망태버섯'을 사용한다.

항암, 고혈압에 효능이 있는
망태버섯

말뚝버섯과 *Dictyophora indusiata* 10~20cm

　노랑망태버섯과 마찬가지로 알 모양의 갓이 땅에서 올라온다. 어린 갓의 색상은 흰색이지만 문지르면 자색으로 변한다.
　장마철 전후 대의 높이가 10~20cm 정도로 자라면 갓의 하단부에서 흰색 망사가 자란다. 망사가 완전히 펼쳐질 경우의 지름은 10~20cm 정도이다. 약용 및 식용이 가능하므로 장마철 전후에 채취한다. 중국에서는 전조시킨 것을 죽손(竹蓀)이라 부르며 고급 요리에 사용한다.

🌱 **발생 시기** 여름 장마철 전후

🌱 **발생 위치**
장마철 전후에 발생한 뒤 바로 사라진다. 주로 대나무 밭에서 흔하지만 혼효림 아래에서도 볼 수 있다. 독자생존하거나 군생을 이룬다.

🌱 **갓 모양**
종형, 그물 모양의 융기가 있다. 직경은 1.5~3cm 정도이다.

🌱 **주름살**
종 모양 갓 아래쪽에서 흰색의 그물 모양 망사가 직경 10~20cm로 만들어진다.

🌱 **대**
상하 같은 굵기, 속은 비어 있고 표면에 홈이 무수히 많다.

🌱 **포자**
크기는 4×2.5㎛ 정도이다. 타원형이며 표면에 돌기가 없고, 황갈색이다.

🌱 **채취** 장마철 전후에 채취한다.

🌱 **식용**
식용 버섯으로 유명하다. 갓을 제거하고 세척한 망사와 대를 건조시킨 뒤 볶음 요리나 국물 요리로 식용한다.

🌱 **약용**
갓을 제거하고 세척한 망사와 대를 건조시킨 뒤 약용한다. 노화 예방, 간, 항암, 고혈압, 혈중 콜레스테롤, 불면증, 면역증, 두뇌 증진에 효능이 있다. 체중 감량, 다이어트, 복부 지방 감소에도 약용한다.

게의 발처럼 생긴 버섯
세발버섯

말뚝버섯과 *Pseudocolus schellenbergiae* 2~5cm

초기에는 직경 1~2cm의 흰색 알 모양 말뚝이 올라온다. 시간이 지나면 알을 깨고 3~6개의 팔이 부풀어오르는데, 보통 3개의 팔이 올라온다. 전체 높이는 5~10cm 정도이고 좌우로 퍼지는 지름은 2~5cm 정도이다. 이들 팔들은 상단부에서 합쳐진다. 팔은 부드러운 스펀지 질감이고 표면에 곰보 무늬가 있다. 팔 안쪽의 점성에서 악취를 내어 곤충을 유인한 뒤 포자를 번식시킨다. 유사종은 뱀버섯 등이 있다.

125

발생 시기
늦봄~가을. 특히 장마철 전후에 많이 볼 수 있다.

발생 위치
전국의 깊은 산 혼효림 아래에서 독자생존하거나 몇 개체가 군생한다.

갓 모양
갓은 따로 없고 게 발처럼 보이는 3~6개의 팔이 올라온다. 전체 높이는 5~10cm 정도이고 색상은 황색~등황색이다. 팔 안쪽 검정색 부분에서 점성이 있고 심한 악취가 난다. 팔의 속은 비어 있다.

주름살
갓이 없으므로 갓 밑면 주름살이 없다.

대
대의 속은 비어 있다. 팔이 하단부에서 원통형으로 모여들고 짧다. 하단부는 흰색이다.

포자
포자의 지름은 4.5~5.5㎛의 타원형이고 표면은 매끈하다. 포자의 색상은 흰색이다.

채취
장마철 전후부터 가을 사이에 채취한다.

식용
독버섯은 아니지만 식용하지 않는다. 유사종인 뱀버섯의 경우 어린 버섯을 간혹 식용하기도 한다.

약용
약효가 불분명하다.

어린 버섯을 식용하는
먹물버섯

먹물버섯과 *Coprinus comatus* 3~5cm

　목장의 풀밭 등에서 군생을 이루며 자생한다. 초기에는 대를 절반 이상 덮는 원추형의 갓이었다가 성장하면서 갓 모양이 종형으로 변한다. 후기에는 갓의 모양이 종 모양으로 변하고 말기에는 갓이 검은색으로 변하면서 녹아내리고 대만 남는다. 갓의 높이는 5~10cm 내외이고 버섯 전체 높이는 10~25cm 정도이다. 대에는 고리 모양의 턱받이가 있어 위 아래로 움직인다.

발생 시기 봄~가을

발생 위치
풀밭, 목장, 밭, 길가의 부식질 토양에서 무리지어 자생한다.

갓 모양
갓의 모양은 원추형~종형. 갓의 지름은 3~5cm 정도. 표면은 백색이고 담갈색 인편이 있다.

주름살
대에 끝붙은형~떨어진형. 주름살의 색상은 백색~담홍색~흑색으로 변하고 흑색일 때 녹아내리면서 대만 남는다.

대
원통형이고 속은 비어 있다. 고리 모양의 턱받이는 상하로 움직인다. 대의 하단부는 방추형으로 부푼다.

포자 타원형이고 표면에 돌기가 없다.

채취
식용 및 약용할 경우 흰색의 어린 버섯을 채취한다.

식용
어린 버섯의 맛은 연하다. 소금물에 데친 뒤 식용하고 남은 것은 냉동보관한다. 술과 함께 섭취할 경우 독성이 있으므로 술을 금한다. 먹물이 있을 경우 절대 식용을 금한다.

약용
성질은 평하고 맛은 달다. 건조시킨 어린 버섯을 달여 먹는다. 치질, 당뇨에 효능이 있다.

항암에 효능이 있는
두엄먹물버섯

먹물버섯과 *Coprinus atramentarius* 10~25cm

　농장이나 부식질의 길가에서 홀로 발생하거나 다발로 발생하는 버섯이다. 어린 버섯은 식용할 수 있고 성숙한 버섯은 식용할 수 없다.

　두엄버섯의 어린 버섯은 체내의 알코올 관련 효소의 작용을 방해하므로 식용한 뒤 술을 마시면 오랫동안 숙취에 시달린다. 따라서 두엄버섯을 먹은 뒤에는 며칠 동안 술을 마시는 것을 피하는 것이 좋다.

발생 시기 봄~가을

발생 위치
목장의 풀밭이나 부식질이 많은 길가에서 홀로 발생하거나 무리지어 다발로 발생한다.

갓 모양
갓의 지름은 5~8cm이고 종형에서 삿갓형으로 전개한다. 갓의 중앙에는 인편이 모여 있다. 갓의 색상은 회색~회갈색이고 갓 둘레는 방사형 선이 있다. 갓은 무르고 얇아서 성숙하면 없어지고 대만 남는다.

주름살
주름살 색상은 흰색에서 성숙하면 자갈색~검정색으로 변하고 액화된다.

대
길이 7~20cm이다. 대의 상단에 불완전한 턱받이 흔적이 있고 대의 속은 비어 있다.

포자
포자의 크기는 7x4㎛ 정도이다. 타원형이고 표면은 평탄하다.

채취
식용 목적으로 채취하되 어린 버섯을 채취하며 성숙한 버섯은 채취하지 않는다.

식용
어린 버섯은 식용할 수 있고 씹는 맛이 있다.

약용
항암에 효능이 있어 약용 버섯으로도 이용한다.

식용할 수 있는
큰눈물버섯

먹물버섯과 *Psathyrella velutina* 4~13cm

    정원 잔디밭, 목장 목초지, 자갈길 주변 풀밭 등에서 여름 ~가을에 발생하는 키 작은 버섯이다.

    갓의 색상은 황갈색~점토색상이고 주름살 색상은 황갈색이지만 가장자리는 흰색이고 얼룩덜룩한 반점이 있다.

    식용 버섯의 하나이지만 독특한 향미가 없으므로 굳이 식용하지 않는 것이 좋다.

발생 시기 여름~가을

발생 위치
정원 잔디밭이나 숲속 풀밭에서 흩어져 발생하거나 무리지어 발생한다.

갓 모양
갓의 지름은 2~10cm이고 종형에서 갓이 위로 젖혀지는 형태로 전개한다. 갓의 색상은 황색~황갈색이고 표면에 인편이 있다. 갓 둘레에는 피막이 조금 붙어 있다. 살은 두껍고 갈색이다.

주름살
주름살은 빽빽하고 대에 완전붙은형~끝붙은형이다. 색상은 흰색에서 황갈색으로 되고 때때로 흑색 얼룩이 생기지만 가장자리는 흰색인 경우가 많다.

대
길이 3~10cm이다. 대의 표면에 갓과 같은 색상의 털이 있다. 솜털 모양 턱받이는 보서지기 쉽기 때문에 조금 남아 있고 포자 방출후에는 턱받이의 솜털이 검정색으로 보인다.

포자
포자의 크기는 10x7㎛ 정도이다. 타원형이고 표면에 사마귀형 돌기가 있다.

채취 식용 목적으로 채취한다.

식용 식용할 수 있는 버섯 중 하나이다.

약용 약용 효능은 알려진 바 없다.

독버섯의 하나인
광비늘주름버섯
(노란대주름버섯)

주름버섯과 *Agaricus praeclaresquamosus* 15cm

    독버섯의 하나로서 갓의 중앙부에 검정색 인편이 모여 있다. '노란대주름버섯' 이라고도 말한다. 대의 턱받이는 크고 상단부에 붙어 있다가 시간이 지나면 조금 밑으로 내려간다. 대의 기부가 부풀어 있고 대에 상처를 내면 황갈색으로 변하므로 동정 포인트로 삼는다.
    식용할 수 없는 독버섯이며 약용 여부 역시 알 수 없다.

발생 시기 여름~가을

발생 위치
깊은 산의 침엽수나 활엽수 혼합림 아래에서 홀로 발생하거나 군생한다.

갓 모양
갓의 지름은 4~15cm이고 반구형에서 편평형으로 전개한다. 갓의 색상은 흰색이고 표면에 검정색 인편이 붙어 있고 전체적으로 얇다. 갓의 가장자리에 피막이 붙어 있는 경우도 있다.

주름살
주름살은 빽빽하고 대에 떨어진형이다. 주름살 색상은 흰색에서 적갈색, 흑색으로 변한다.

대
길이 8~13cm이다. 대의 색상은 흰색이거나 노란색을 띄는 흰색이다. 대의 속은 비어 있고 턱받이는 아래쪽에 크게 붙어 있으며 하단부 기부는 부풀어 있다. 대에 상처를 내면 황갈색으로 변한다.

포자
포자의 크기는 6x4㎛ 정도이다. 타원형이고 표면은 평탄하다.

채취 독버섯이므로 채취를 피한다.

식용 독버섯이므로 식용할 수 없다.

약용 약용 여부는 알 수 없다.

동물의 변에서 발생하는
좀말똥버섯

주름버섯과 *Panaeolus sphinctrinus* 1~3cm

　동물의 똥에서 발생하는 버섯이다. 말똥에서 많이 발생하는 버섯 가운데서 크기가 작기 때문에 좀말똥버섯이라고 부른다.

　갓의 표면은 담회색이지만 꼭지 부분은 특별히 황갈색이고, 때때로 갓의 표면 색과 같은 경우도 있다. 갓의 표면은 비교적 밋밋하고 중앙부가 높다. 갓의 테두리는 톱니형이고 줄기 속은 비어 있다. 식용할 수 없는 독버섯이다.

🟡 **발생 시기** 봄~가을

🟡 **발생 위치**
부식질 토양이나 동물의 배설물에서 발생한다.

🟡 **갓 모양**
갓의 지름은 1~3cm 내외, 반구형에서 종형으로 된다. 갓의 표면은 담회색이지만 가운데는 황토색이고 매끄럽다. 갓의 가장자리는 톱니 모양이다.

🟡 **주름살**
바른주름살이고 빽빽하다. 회색에서 검정색이 되고 테두리는 흰색이다.

🟡 **대**
길이 5~15cm이고 속은 비어 있다. 대의 색상은 암회색이고 미세한 분말이 있다.

🟡 **포자**
포자의 크기는 15×10㎛ 정도이다. 타원형~달걀형이다.

🟡 **채취** 봄~가을에 채취한다.

🟡 **식용** 독버섯이므로 식용할 수 없다.

🟡 **약용** 약용 불명이다.

독버섯인
갈황색미치광이버섯

주름버섯과 *Phaeolepiota aurea* 5~15cm

목재부후균으로 목재를 분해하여 자연으로 환원시키는 버섯이다. 활엽수나 침엽수 고목에 군생하거나 숲의 비옥한 땅에서 발생한다. 약간 쓴 냄새가 나고 맛은 온화하고 조금 달콤해 식용하기도 하지만 청산(Hydrocyanic acid)이 함유되어 있는 독버섯이므로 식용을 피한다. 갓을 포함한 버섯 대는 전체적으로 황색~갈등황색이고 살색은 연한 황색이다.

🍄 **발생 시기** 여름~가을

🍄 **발생 위치**
활엽수나 침엽수 고목이나 그루터기, 혹은 풀밭에서 군생한다.

🍄 **갓 모양**
갓의 지름은 5~15cm이다. 반구형에서 편평형으로 성장한다. 갓의 색상은 황색, 갈등황색이다. 갓의 표면에 세로줄이 연하게 있다.

🍄 **주름살**
완전붙은주름살이고 빽빽하다. 주름살 색상은 황색에서 갈색으로 변한다. 살색은 연한 황색이다.

🍄 **대**
길이 5~15cm이고 갓보다 연한 황색이다. 섬유상이고 상단부에 턱받이가 있다. 턱받이의 색상은 연한 황색이다. 대의 표면에는 세로줄과 분말 같은 과립이 붙어 있고 아래쪽이 부풀어 있다.

🍄 **포자**
포자의 크기는 12x6㎛ 정도이다. 장타원형이고 표면은 매끈하다.

🍄 **채취** 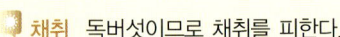독버섯이므로 채취를 피한다.

🍄 **식용**
청산이 함유된 독버섯이므로 식용을 피한다.

🍄 **약용** 약용 불명이다.

쓴맛이 나는 버섯
망그물버섯

그물버섯과 *Retiboletus ornatipes* 7~18cm

 깊은 산의 활엽수 밑에서 발생하는 버섯이다. 보통 참나무 숲의 풀밭에서 드물게 발생한다.
 갓의 모양은 둥근 호빵 모양이었다가 점점 편평형으로 전개된다. 살은 단단하고 대에 가루 같은 분말이 있다. 상처를 내도 청색으로 변하지 않는다.
 쓴 맛으로 먹는 식용 버섯의 하나로 뜨거운 물에 데치면 회색~검정색으로 변한다.

발생 시기 여름~가을

발생 위치
깊은 산의 활엽수림 아래의 땅에서 홀로 발생하거나 무리지어 발생한다.

갓 모양
갓의 지름은 4~16cm이고 호빵형에서 편평형으로 전개한다. 갓의 표면은 점성이 없고 갈황색~짙은 올리브색에서 적갈색으로 바뀐다. 질감은 우단 같고 비교적 살이 단단하다. 살색은 황색이고 상처를 내도 색상이 청색으로 변하지 않는다.

관공
갓 밑면은 밝은 노란색에서 올리브 황색으로 변한다. 관공은 올린, 내린, 바른 관공이고 관공의 깊이는 1.5cm 정도, 모양은 원형이거나 다각형이다.

대
길이 5~15cm이고 상하 두께가 같다. 표면에 그물 모양의 무늬가 있고 황색 가루가 있다.

포자
포자의 크기는 12x3.5㎛ 정도이다. 방추형이고 표면은 평탄하며 색상은 올리브갈색이다.

채취 식용 목적으로 채취한다.

식용
쓴맛으로 먹는 식용 버섯이다. 보통 찌개거리로 먹는다.

약용 약용 효능은 알려지지 않았다.

식용할 수 있는
붉은비단그물버섯

그물버섯과 *Suillus pictus* 5~10cm

잣나무나 스트로보잣나무 밑에서 홀로 발생하거나 군생한다. 모양은 못생겼지만 식용이 가능한 버섯이다. 단, 약간 독성이 있으므로 버섯을 물에 우려낸 후 식용하되 소량 섭취를 원칙으로 한다.

갓의 표면은 붉은색~적자색이고 표면에 섬유질 같은 인편이 오돌토돌하다. 상처를 내면 색상이 변한다. 대의 표면에도 오돌토돌한 섬유질 같은 인편이 있다.

발생 시기 여름~가을

발생 위치
깊은 산의 잣나무 아래에서 홀로 발생하거나 바퀴 모양으로 둥글게 군생한다.

갓 모양
갓의 지름은 5~10cm이고 반구형에서 원추형으로 전개한다. 갓의 색상은 붉은색이거나 붉은빛을 띤 보라색이고 성숙하면 갈색으로 퇴락한다. 갓의 표면에 섬유질 같은 인편이 빽빽하고 갓 둘레에 피막이 붙어 있을 경우도 있다. 살색은 크림색이지만 상처를 내면 붉은색으로 변한다.

관공
관공은 황색~황갈색이고 내린형이다. 관공 크기는 제각각이다. 상처를 내면 갈색~붉은색으로 변한다.

대
길이 3~8cm이다. 대의 상단은 황색, 아래는 갓과 같은 색이고 섬유 무늬가 있다. 대의 속은 차 있고 상처를 내면 청색으로 변한다.

포자
포자의 크기는 10x4㎛ 정도이다. 타원형이고 표면은 평탄하다.

채취 독버섯이지만 식용하기도 한다.

식용
데친 뒤 우려낸 물은 버린다. 맛은 연한 편이다. 기름에 볶거나 찌개에 넣는다.

약용 약용 여부는 알려지지 않았다.

맛있는 버섯인
껄껄이그물버섯
(접시껄껄이그물버섯)

그물버섯과 Leccinum extremiorientale 5~15cm

우리나라를 포함한 극동아시아의 혼잡림이나 소나무 숲 아래에서 발생하는 버섯이다. 향이 좋고 맛이 좋기로 소문난 버섯이다. 갓의 갈라진 부분을 손으로 만지면 껄껄한 느낌이 있어 '껄껄이버섯' 혹은 '접시껄껄이버섯' 이라고 부른다.

노란 물이 빠질 때까지 충분히 물에 우려낸 뒤 찌개에 넣거나 기름에 볶아 먹으면 맛있다.

🌱 **발생 시기** 여름~겨울

🌱 **발생 위치**
혼합림 숲 아래 땅에서 홀로 발생하거나 흩어져 발생한다.

🌱 **갓 모양**
갓의 지름은 7~25cm이고 표면은 우단질이다. 표면 색상은 황갈색~짙은 갈색이지만 성숙하면 균열이 발생해 여러 갈래로 조각난 무늬가 나타난다. 갈라진 부분으로 보이는 살색은 연한 황색이고 매우 촘촘하다. 둥근 산 모양에서 점차 편평형으로 전개한다.

🌱 **관공**
관공은 둥글고 대에 끝붙은형~올린형이고 관공의 색상은 황색~황녹색이다.

🌱 **대**
길이 5~15cm이고 황색이다. 대의 표면에 갈색 반점이 있고 가운데에서 기부 쪽으로 굵다.

🌱 **포자**
포자의 크기는 12×4㎛ 정도이다. 포자의 모양은 원기둥~긴 방추형이고 표면은 평탄하다.

🌱 **채취** 식용 또는 약용 목적으로 채취한다.

🌱 **식용**
향이 좋은 맛있는 버섯이다. 식용할 때는 반드시 물에 우려낸 뒤 식용하고 생으로는 섭취하지 않도록 주의한다.

🌱 **약용**
항균, 혈전 용해에 효능이 있다.

이름이 바뀐 버섯
고깔쥐눈물버섯
(고깔먹물버섯)

눈물버섯과 *Coprinus disseminatus* 1~1.5cm

　비슷한 모양의 다른 버섯과 달리 갓의 표면과 버섯대에 미세한 털이 있다. 또한 한 번에 많은 수의 버섯이 발생한다. 갓의 지름은 1~1.5cm이고 버섯대의 길이는 2~3.5cm이다. 주로 활엽수 고목이나 이끼 위에서 발생한다. 이름은 먹물버섯이지만 먹물버섯처럼 액화되지 않는다. 먹물로 액화되지 않기 때문에 이전 이름인 '고깔먹물버섯'이란 이름 대신 '고깔쥐눈물버섯'으로 개명되었다. 목재부후균으로 목재를 자연에 환원시킨다.

- **발생 시기** 여름~가을

- **발생 위치**
  활엽수 고목이나 그루터기에서 많은 개체가 군생한다.

- **갓 모양**
  갓의 지름은 1~1.5cm 내외이다. 달걀형에서 반구형, 종형으로 자란다. 갓의 표면은 흰색~회색이고 미세한 털이 있다. 테두리에 방사형 홈이 있고 얇다.

- **주름살**
  끝붙음형이다. 흰색에서 검정색으로 변하지만 액화되지 않는다.

- **대**
  길이 2~3.5cm이고 흰색이다. 미세한 털이 있다.

- **포자** 타원형이고 표면은 미끈하다.

- **채취** 여름~가을에 채취한다.

- **식용**
  식용 버섯이지만 크기가 작아 식용할 가치가 없다.

- **약용** 약용이 아닌 식용 버섯으로 알려져 있다.

항암에 약용하는
간버섯

구멍장이버섯과 *Pycnoporus coccineus* 3~10cm

  목재를 썩게 하는 목재부후균 버섯이다. 군생보다는 단독으로 자라는 경우가 많지만 때로는 띄엄띄엄 떨어져 군생하기도 한다. 전체적으로 부채 모양이다. 상하단은 편평하고 표면에 잔털이 있다. 초기에는 옅은 붉은색이었다가 후기에는 회백색으로 변한다. 테두리에 연한 고리 무늬가 생기거나 생기지 않는다.

  비슷한 모양의 버섯으로는 소의 간 맛이 나는 '소혀버섯'이 있는데 북한에서는 간버섯이라고 부른다.

🍄 **발생 시기** 연중

🍄 **발생 위치**
전국의 산에서 흔히 보이는데 주로 계곡 가 같은 습한 곳에서 보인다. 죽은 가지에서 독자생존하거나 수십 개가 띄엄띄엄 떨어져서 군생한다.

🍄 **갓 모양**
갓의 지름은 3~10cm 내외, 0.5cm 정도이다. 편평한 부채 모양이다. 표면 색상은 엷은 붉은색~진한 붉은색이거나 회백색이다. 관공의 지름은 0.1cm 정도이고 연한 붉은색이다.

🍄 **자실층** 연한 붉은색이다.

🍄 **대** 대는 없고 부채의 밑부분이 나무에 붙어 있다.

🍄 **포자**
포자는 7×3㎛로 긴 타원형이다. 표면은 미끈하고 무색이다

🍄 **채취**
연중 필요할 때 채취한다. 일반적으로 죽은 가지나 나무에서 발생한다.

🍄 **식용**
식용 여부는 불문명하다. 소혀버섯은 식용할 수 있다.

🍄 **약용** 항암, 화상에 효능이 있다.

항암, 당뇨, 고혈압에 좋은
구름버섯(운지버섯)

구멍장이버섯과   Trametes versicolor   1~5cm

거의 1년 내내 볼 수 있는 가장 흔한 버섯이다. 고목은 물론 살아 있는 나무나 나무 계단 등에서 발생한다. 자실체는 부채 모양의 반원형이며 대는 없다. 표면의 색상은 흰색, 황색, 갈색, 녹색, 검정색 등 다양하게 있다. 표면에는 짧은 털이 있고 다양한 모양의 고리 무늬가 있으며 미세한 관공(구멍)이 있다. 살은 흰색이고 가죽질이다. 보통 무리지어서 발생한다. 비슷한 모양의 버섯이 많으므로 지름 1~5cm, 두께 1~2cm 내의 작은 것들을 대개 구름버섯이라고 본다.

🍄 **발생 시기** 연중 내내. 보통은 초여름~가을

🍄 **발생 위치**
전국의 산지, 들판에서 흔히 보인다. 살아 있는 나무는 물론 고목이나 나무 계단에도 출현한다. 중첩되어 군생한다.

🍄 **갓 모양**
반원형이고 짧은 털이 있다. 표면의 색상은 검정색이지만 흰색, 황색, 갈색, 녹색 등의 다양한 고리 무늬가 나타난다.

🍄 **주름살**
관공(구멍)의 지름은 3~5mm, 깊이는 1~2mm 정도이다.

🍄 **대** 없음

🍄 **포자**
포자의 크기는 7×2㎛ 내외이다. 원통형이고 표면에 돌기가 없고, 흰색이다.

🍄 **채취**
연중 내내 채취하되 주로 참나무에서 자생하는 구름버섯이 좋다.

🍄 **식용**
금속 용기 대신 유리나 도자기 약탕기를 사용해 차로 우려 마신다.

🍄 **약용**
암세포의 성장을 막는 폴리사카라이드가 함유된 버섯이다. 항암, 기관지염, 간염, 간암, 피로회복, 고혈압, 혈액순환, 당뇨 등에 효능이 있다. 물 1L에 구름버섯 15g을 넣은 뒤 우려 마시거나 달여 마시되 금속 용기는 피하고 유리 약탕기나 도자기 약탕기에서 끓인다.

목재부후균인
도장버섯

구멍장이버섯과 *Daedaleopsis confragosa* 1~5cm

  활엽수 혹은 침엽수 고목이나 죽은 가지에서 무리지어 발생하는 접시 모양의 균모이다. 백색부후를 일으키는 목재부후균으로 목재를 자연에 환원하는 균모이다. 연중 내내 발생하며 주로 추운 지방에서 많이 볼 수 있다.
  표면에 털이 없는 점으로 조개껍질 모양과 비슷한 유사한 버섯들과 구별한다.
  식용 및 약용 여부는 알려지지 않았다.

발생 시기 연중 내내

발생 위치
활엽수나 침엽수 고목에서 무리지어 다발로 발생한다.

갓 모양
지름은 2~8cm이고 높이는 1~5cm이다. 반원형이거나 편평형이고 색상은 나무색이다. 표면에 털이 없고 방사형 모양의 주름과 고리 모양이 있다. 질감은 코르크 질감이다.

관공
갓 밑면 관공은 불규칙한 모양이며 깊이 0.2~0.5cm이고 관공 테두리에는 가시 같은 돌기가 있다. 관공의 형태가 미로형인 경우도 있어 변이가 심하다.

대
대는 없고 접시 모양의 버섯이 나무에 붙어 발생한다.

포자
포자의 크기는 7x2㎛ 정도이다. 긴타원형이거나 곱창 모양이고 표면은 평탄하다.

채취
채취를 하지 않는다.

식용
식용할 수 없다.

약용
삼색도장버섯의 경우 항암 등에 약용하므로 도장버섯도 비슷한 효능이 있을 것으로 추정된다.

뒤집어져서 자라는
때죽도장버섯

구멍장이버섯과 *Daedaleopsis styracina* 1~2.5cm

여름~가을에 때죽나무 같은 활엽수 등에서 발생하는 조개껍질 모양의 버섯이다.

갓의 지름은 2~4cm의 소형이고 반배착성으로 서로 붙어서 발생하는 경우가 많다. 전체적으로 조개껍질 모양이고 표면에 나이테 같은 고리 무늬가 뚜렷하게 나 있고 가죽질이지만 성숙하면 각피화된다. 어렸을 때는 갓이 뒤집어져 밑면이 보이는 경우가 많아 성기게 파인 홈선이 보인다.

발생 시기 여름~가을

발생 위치
깊은 산의 활엽수에서 홀로 발생하거나 무리지어 다발로 발생한다.

갓 모양
갓의 지름은 2~4cm, 높이는 1~2.5cm, 두께는 2~3m이다. 반원형이거나 부채 모양이다. 갓의 표면에는 털이 없고 나이테 모양의 고리 무늬가 뚜렷하게 나 있고 성숙하면 각피화된다. 살색은 흰색이고 반배착성이다.

관공
미로 모양이거나 주름 모양의 홈이 성기게 패어 있고 흰색~회갈색이다. 어렸을 때는 뒤집어진 채 자라서 홈 선이 뚜렷하게 보인다.

대
대는 있거나 없다.

포자
포자의 크기는 7x4㎛ 정도이다. 원통형이고 표면은 평탄하다.

채취
채취하지 않는다.

식용
식용 여부를 알 수 없다.

약용
약용 여부를 알 수 없다.

항암에 효능이 있는
등갈색미로버섯

구멍장이버섯과 *Daedalea dickinsii* 3~7cm

 활엽수 고목이나 죽은 나뭇가지에서 흔히 볼 수 있는데 주로 썩은 나뭇가지에서 발생한다. 갓의 지름은 3~7cm이지만 10cm 이상 되는 것도 있다. 갓은 부채형이거나 반원형이고 표면은 비교적 매끄럽다. 갓밑면의 관공은 미로형이다. 민간에서는 상황버섯에 버금가는 버섯이라고 부르며 항암약제로 사용하는데 실험에 의하면 항암 저지율이 80%라고 한다.

발생 시기
연중 내내

발생 위치
전국의 활엽수 고목이나 죽은 가지에서 홀로 발생하거나 무리지어 발생한다.

갓 모양
갓의 지름은 3~7cm, 두께는 1.5cm 내외, 반원형, 부채형, 편평형, 말바꿈형이 있다. 갓의 표면은 갈색~황갈색~회갈색이고 고리 무늬와 방사형 주름이 있다. 갓의 가장자리는 얇고 무딘 편이고 갓의 재질은 코르크 질감이다.

관공
관공은 미로형이고 연한 황갈색이다. 깊이 0.3~1cm, 지름은 1~2mm 정도이다.

대
대는 없다.

포자
포자의 크기는 3~5㎛ 정도이다. 구형이고 표면은 평탄하다.

채취
상황버섯에 가까운 약효가 있다고 하여 항암 등의 약용 목적으로 채취한다.

식용
식용할 수 없다.

약용
항암, 항균, 노화 예방에 효능이 있다.

밑면에 주름살이 있는
조개껍질버섯

구멍장이버섯과 *Lenzites betulina* 1cm

 구멍장이버섯은 갓 밑면에 보통 관공이 있지만 이 버섯은 관공 대신 주름살이 있는 버섯이다. 연중 내내 활엽수 혹은 침엽수의 고목이나 죽은 나뭇가지에서 발생한다.
 갓의 표면은 조개 모양이고 털이 밀생해 있다. 갓 밑면에는 관공 대신 주름살이 있다.
 항함, 노화 예방, 항균, 면역력 강화 등의 약용 목적으로 사용한다.

발생 시기
연중 내내

발생 위치
활엽수 혹은 침엽수의 죽은 나뭇가지에서 발생한다.

갓 모양
갓의 지름은 2~10cm이고 두께는 1cm 정도이다. 갓의 모양은 반원형, 부채형, 조개껍질 모양이다. 갓의 표면에는 짧은 털이 빽빽하고 회황백색~갈색~암갈색 고리 무늬가 울퉁불퉁하게 있다. 살은 흰색이고 가죽질이다.

관공
갓 밑면에는 관공이 없고 그 대신 성근 주름살이 있다. 주름살의 깊이는 1cm 정도이고 황백색~짙은 회색이다. 주름살이 옆의 버섯과 연결되는 경우도 있다.

대
대는 없다.

포자
포자의 크기는 6x3㎛ 정도이다. 원통형~긴타원형이고 표면은 평탄하다.

채취
약용 목적으로 채취한다.

식용
약간 독성이 있어 식용하지 않는다.

약용
항암, 노화 예방, 항균 등에 효능이 있다.

백색부후균인
벽돌빛잔나비버섯

구멍장이버섯과 *Fomitopsis insularis* 2.5~8cm

주로 침엽수에서 발생하는 목재부후균으로 백색부후를 일으킨다.

표면 색상은 벽돌빛에 가깝고 갓의 주변부에 흰색~황색 테두리가 있다. 표면의 질감이 비교적 거칠다. 전체적으로 반원형~조개껍질 모양이지만 여러 개가 합쳐서 크기를 확장한다. 자실층에 비교적 큰 관공이 있고 살색은 흰색~황색이다. 대는 거의 없는 반배착성이다.

발생 시기   연중 내내

발생 위치
침엽수 고목이나 생목, 그루터기에서 군생한다.

갓 모양
갓의 지름은 2.5~8cm이고 갓의 모양은 반원형이거나 조개껍질형이다. 표면 색상은 벽돌빛이고 테두리는 흰색~황색이다. 표면에 방사형으로 뻗은 주름과 고리가 있고 비교적 거칠다. 흔히 여러 개가 겹쳐서 발생한다.

자실층
목재질이며 길이 1mm의 관공이 있고 살색은 흰색~황색이다. 관공의 모양은 원형이거나 원형에 가깝다.

대   대가 없거나 반배착성이다.

포자
포자의 크기는 4~5㎛이고 표면은 미끈하다.

채취   필요한 경우 채취한다.

식용   식용 불명이다.

약용   약용 불명이다.

확실하게 버섯대가 있는
메꽃버섯부치

구멍장이버섯과 *Microporus vernicipes* 2~6cm

 침엽수나 활엽수에서 발생하는 목재부후균으로 목재를 부패시킨 뒤 자연에 환원한다. 전체적으로 연한 황백색이다. 진한 갈색의 동심원 무늬가 있고 광택이 있다. 테두리는 무딘 톱니 같거나 물결 모양이다. 질긴 가죽질이지만 건조하면 나무처럼 딱딱해지고 색상도 많이 변한다. 밑면에 관공이 있지만 미세하여 잘 보이지 않는다. 짧은 버섯대가 있고 버섯대를 중심으로 약간 오므라지듯 둥글게 핀다.

🍄 **발생 시기** 여름~가을

🍄 **발생 위치**
침엽수나 활엽수 고목이나 생목, 나무토막에서 군생한다.

🍄 **갓 모양**
지름은 2~6cm이고 두께는 1~2mm 정도이다. 찌그러진 반원형이거나 콩팥 모양이다. 가죽질이지만 건조하면 나무처럼 딱딱해진다. 표면은 황백색이고 광택이 있다. 황갈색의 고리 무늬가 있다. 테두리는 무딘 톱니처럼 생겼거나 물결 모양이다.

🍄 **자실층**
관공은 길이 1mm이고 황백색이고 미세하다.

🍄 **대** 짧고 가느다란 버섯대가 있다.

🍄 **포자** 장타원 모양이고 표면은 미끈하다.

🍄 **채취** 필요한 경우 채취한다.

🍄 **식용** 식용 불명이다.

🍄 **약용** 약용 불명이다.

백색부후균인
부채메꽃버섯

구멍장이버섯과 *Microporus flabelliformis* 2~5cm

　활엽수에서 발생하는 목재부후균이다. 목재를 부패시킨 뒤 지연에 환원하는 배색부후균이다. 모양은 다소 부채형이고 표면에 황색, 적갈색, 흑갈색 등의 다양한 색상의 고리 무늬가 있다. 그 위에 회색 털이 밀생해 있지만 털은 곧 탈락한다. 테두리는 물결 모양이고 밑면은 뚜렷하게 관공이 보인다. 갓 아래에는 원주형 버섯대가 있다. 식용 및 약용 여부는 알 수 없다.

발생 시기 연중 내내

발생 위치
활엽수 고목에서 발생하는데 보통 기왓장처럼 군생한다.

갓 모양
모양은 반원형, 부채형, 콩팥형이고 가죽질이다. 지름 2~5cm이고 두께는 1~3mm이다. 표면에 황색, 적갈색, 흑갈색 등의 고리 모양 무늬가 있고 그 위에 회색 털이 밀생해 있지만 털은 탈락한다.

자실층
길이 1mm의 원형 관공이 있고 관공의 색상은 회백색, 살색은 흰색이다.

대
원주형 기둥이 있고 길이 0.5~5cm이다. 기부는 방사형으로 퍼져 있고 진한 갈색이다.

포자
포자의 크기는 5×2㎛ 정도이고 타원형이다.

채취 필요한 경우 채취한다.

식용 식용 불명이다.

약용 약용 불명이다.

당뇨, 건망증에 좋은
복령

구멍장이버섯과 *Wolfiporia cocos* 10~30cm

 밑둥만 있는 죽은 소나무 뿌리에서 기생하는 버섯이다. 산의 양지바른 곳에서 자라는 소나무 밑둥의 뿌리를 쇠꼬챙이로 눌러 보면 복령이 있다. 모양은 둥글거나 타원형, 불규칙한 덩어리 모양, 고구마 모양이고 크기는 주먹 크기만한 것부터 지름 30cm까지 천차만별이다. 표면은 회갈색이고 살은 분홍색을 띤 백색이다. 국내에서는 강원도에서 흔히 재배하는데, 보통 4~5년 된 복령을 상품화한다.

▲ 국내산 칼복령은 송진 냄새가 난다.
▼ 중국산 칼복령은 밝은 흰색에 가깝다.

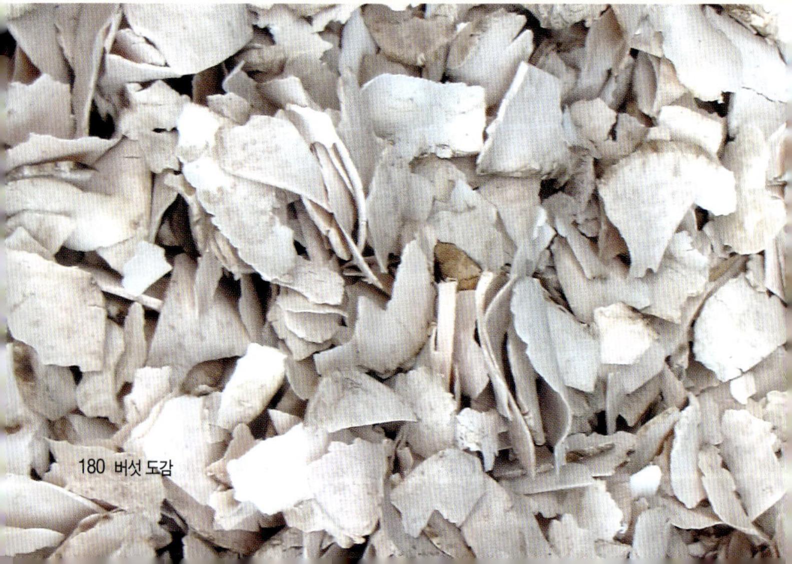

🍄 **발생 시기** 연중

🍄 **발생 위치**
죽은 지 3년 이상 된 소나무 뿌리에서 자란다. 죽은 소나무 밑둥을 손으로 눌렀을 때 잘게 부서질 경우, 땅 속에 복령이 있을 수 있다

🍄 **갓 모양** 갓 모양이 아닌 부정형의 고구마 모양이다.

🍄 **자실층** 갓에 밑면 주름살은 없다.

🍄 **대** 대가 없다.

🍄 **포자** 원기둥형이고 표면에 돌기가 없다.

🍄 **채취**
봄에 채취한다. 꼬챙이로 밑둥 주변의 뿌리를 눌렀을 때 하얀 분말이 묻어 올라오면 복령이 있는 것이므로 그 곳을 파 본다.

🍄 **식용** 각종 국물 요리에 사용한다.

🍄 **약용**
봄에 채취한 생복령을 잘게 썬 뒤 건조시킨 것을 백복령이라고 부른다. 백복령과 칼복령은 같은 말이다. 그 외에 영하 40도에 얼린 것을 더 높이 쳐 준다. 복령 중에서 소나무 뿌리가 관통한 것은 복신이라고 부른다.
이뇨, 수종, 부종, 화병, 갈증, 강장, 당뇨, 신장, 건망증에 약용한다.
칼복령 30g과 1L의 물을 유리 약탕기에 넣은 뒤 은은하게 끓여서 복용한다.

닭고기 대용으로 먹는
덕다리버섯

구멍장이버섯과 *Laetiporus sulphureus* 5~30cm

 닭고기나 새우 맛이 난다고 하여 닭 대용으로 먹는 버섯이다. 전체적으로 밝은 황색~진한 황색이다. 모양은 천차만별인데 밀가루 반죽처럼 부풀어오른 형태부터 얇은 반원형~부채형 모양이 있다. 살색은 황색이고 원형이나 원형에 가까운 관공이 있다. 식용할 경우 어린 버섯을 채취해야 하며 성숙한 버섯은 식용할 수 없다. 유사한 버섯으로는 색상이 황색보다는 진홍색에 가까운 '붉은덕다리버섯'이 있다. 목재부후균이다.

🍄 **발생 시기** 늦봄~여름

🍄 **발생 위치**
활엽수나 침엽수 나뭇가지에서 흔히 자란다. 죽은 나무는 물론 살아 있는 나무에서도 발생한다.

🍄 **갓 모양**
갓의 크기는 5~30cm이고 버섯대는 거의 보이지 않는다. 갓의 모양은 반원형~부채형이다. 표면 색상은 황색 계열이지만 건조하면 흰색~갈색으로 변한다. 표면에 방사형으로 파도 모양의 결이 있다. 갓의 테두리는 파도형~갈라진 형이다.

🍄 **자실층**
관공은 원형이거나 원형에 가깝고 길이 5mm 내외, 살색은 황색이다.

🍄 **대** 버섯대는 거의 없다.

🍄 **포자**
포자의 크기는 6×4㎛로 타원형이고 표면은 미끈하다.

🍄 **채취** 식용할 경우 어린 버섯을 채취한다.

🍄 **식용**
어린 버섯은 식용할 수 있고 게맛살, 닭고기, 새우 맛이 난다. 성숙한 버섯은 푸석해서 식용할 수 없다. 식용할 경우 약간 독이 있으므로 생식하지 않고 데친다.

🍄 **약용** 항암, 살충, 면역 증강에 효능이 있다.

순환기 장애에 약용하는
한입버섯

구멍장이버섯과 *Cryptoporus volvatus* 1~3cm

　깊은 산의 소나무 가지에서 볼 수 있는 밤톨 크기의 버섯으로 실제로도 밤알과 비슷한 모양의 버섯이다. 갓 모양은 밤 모양이거나 둥근 산 모양이고 색상은 황색~갈색이다. 갓의 표면에서는 윤기가 흐른다.
　채취한 뒤 항암, 순환기 장애에 약용한다. 끓인 물 1.8L에 한입버섯 2개와 감초 등을 넣고 우려 마시면 된다.

185

🍄 **발생 시기** 여름~가을

🍄 **발생 위치**
깊은 산의 침엽수에서 발생한다. 특히 소나무 등에서 많이 발생하므로 '소나무한입버섯'이라고도 부른다.

🍄 **갓 모양**
머리 모양이 전체적으로 밤 모양이거나 둥근 산 모양이다. 머리의 지름은 2~4cm이고 높이는 1~3cm이다. 색상은 황색~갈색이고 표면에 윤기가 있다. 살은 단단하고 생선 냄새가 난다.

🍄 **관공**
관공은 원형이고 길이 2~5mm, 지름 3~6mm, 회갈색이다.

🍄 **대**
대는 없고 갓의 기부가 나무에 붙어서 발생한다.

🍄 **포자**
포자의 크기는 12×6㎛ 정도이다. 장타원형이고 표면은 평탄하다.

🍄 **채취** 약용 목적으로 채취한다.

🍄 **식용**
맛은 쓰다. 식용 여부를 알 수 없다.

🍄 **약용**
항암, 기관지염, 기관지천식, 순환기 장애에 효능이 있다.

소나무비늘버섯과 버섯
황갈색시루뻔버섯

꽃구름버섯과 *Inonotus mikadoi* 1~5cm

　황갈색시루뻔버섯은 지름 1~5cm로 침엽수가 아닌 활엽수 고목이나 생목에서 발생하며 군생을 하는 경우가 많다. 황갈색시루뻔버섯의 표면 색상은 황갈색 또는 갈적색이고 짧은 털이 있지만 탈락하고 밋밋한 경우가 많다.
　관공은 길이 1cm이다. 조직은 부드러우나 건조하면 갓 끝은 수축되어 아래로 굽은 형이 된다. 뒷면은 황백색에서 접촉하면 갈색으로 변한다.

🍄 **발생 시기** 연중 내내

🍄 **발생 위치**
소나무나 잣나무 등의 침엽수 고목에서 1~3개가 발생한다.

🍄 **갓 모양**
반원형이거나 둥근 산 모양이다. 지름 2~10cm이고 두께 1~10cm이다. 표면은 황갈색~적갈색~녹슨 색상이고 건조하면 흑색이 된다. 모피 같은 거친 털이 있다

🍄 **자실층**
관공은 길이 1~3cm이고 황색~흑갈색이다. 관공의 모양은 원형~다각형이다. 살색은 갈색~적갈색이고 노년기에서 흑색이 된다.

🍄 **대** 대는 없다.

🍄 **포자**
포자의 크기는 10×8μm 정도이다. 광타원형이거나 구형이고 표면은 미끈하다.

🍄 **채취** 필요한 경우 채취한다.

🍄 **식용**
식용 불명이다. 시루뻔버섯류는 대부분 식용 여부가 밝혀지지 않았다.

🍄 **약용**
약용 불명이다. 시루뻔버섯류는 차가버섯 외에는 약용 여부가 밝혀지지 않았다.

나무를 흰색으로 부패하게 만드는
갈색꽃구름버섯

꽃구름버섯과 *Stereum ostrea* 1~6cm

　꽃구름버섯과 마찬가지로 죽은 활엽수, 특히 참나무 목재에서 중첩되어 발생하는 목재부후균이자 백색부후균이다. 죽은 나무를 부패시킨 뒤 자연으로 환원할 때 썩는 부분에 백색균이 나타나게 하는 버섯이다. 갓의 색상은 변이가 심하나 갈색 계열이고 나이테 모양의 고리가 뚜렷하다. 질긴 가죽질이기 때문에 식용할 수 없고 약용 여부는 알려지지 않았다.

발생 시기 연중 내내

발생 위치
죽은 활엽수 고목이나 버섯 재배 목재에서 중첩되어 발생한다.

갓 모양
반원형, 부채형, 선반형, 깔대기형이다. 가죽 질감이고 윗면은 갈색이다. 흰털이 있지만 후기에는 탈락한다. 나이테 모양의 고리 무늬가 뚜렷한 편이고 나이테의 색상은 황색, 갈색, 오렌지색, 빨간색이고 때에 따라 조류(藻類)에 의해 녹색일 수도 있다. 지름은 1~6cm이고 두께는 1~2mm이다.

자실층
황갈색, 회갈색, 갈색이다. 목재를 분해할 때 하얗게 썩게 하는 균사가 있어 백색부후균이라고도 한다.

대 버섯대가 있거나 없는 반배착성이다.

포자
포자의 크기는 6×3㎛ 정도이다. 장타원~원통형이고 표면은 미끈하고 흰색이다.

채취 굳이 채취할 필요가 없다.

식용 질긴 가죽질이기 때문에 식용할 수 없다.

약용 약용 불명이다.

항암 효능이 있는
목질진흙버섯(상황버섯)

진흙버섯과 *Phellinus Linteus*

　상황버섯이라고도 부른다. 그 이유는 주로 뽕나무 밑동에서 발생하기 때문이다. 하지만 뽕나무 외에도 자작나무, 산벚나무 등 대부분 활엽수의 입목이나 고목 위에서도 홀로 발생한다. 일반적으로 참나무에서도 발생하지만 항암 효능은 뽕나무나 산뽕나무에서 난 버섯이 가장 높다. 버섯의 모양은 정해진 모양이 없지만 초기에는 진흙을 뭉친 듯한 형태이다가 성장하면서 부채 모양이나 말굽 모양이 된다. 보통 3~4년 자란 버섯을 채취한다.

발생 시기 연중

발생 위치
해발 1000m 이상의 고산 지대 활엽수, 침엽수에서 발생하지만 썩은 산뽕나무 그루터기에서 발생한 상황버섯을 가장 높이 쳐 준다.

갓 모양
갓의 지름은 10cm 내외, 두께 2~10cm 정도이다. 편평하거나 반원 모양, 부채꼴 모양, 산 모양, 말굽 모양 등이 있다. 표면에 갈색 털이 있지만 자라면서 없어진다.

자실층 갓의 밑면에 주름살이 없다.

대 대가 없다.

포자 공 모양이고 황갈색이다.

채취
늦가을~늦겨울에 채취한다. 망치와 헤라를 가지고 그루터기에 붙어 있는 목질진흙버섯을 벗겨낸 뒤 세척하고 건조시킨다.

식용
딱딱한 목질 형태이기 때문에 보통은 차로 우려 마신다. 맛은 없거나 담백하다.

약용
항암, 항산화에 효능이 있다. 국산의 경우 발암 물질이 발견되지 않았지만 수입산은 발암 물질이 발견되었다. 상황버섯 5g을 물 200cc에 은은하게 달인 뒤 1일 3회 나누어 음복한다.

버섯대가 있는
고리갈색깔대기버섯

사마귀버섯과 *Hydnellum concrescens* 1~4cm

　참나무 숲의 땅에서 독자생존하거나 군생한다. 때때로 침엽수림 아래에서도 볼 수 있다. 갓의 지름은 1~4cm이지만 여러 개가 병합하여 크기가 커지는 경우도 있다. 갓의 표면은 갈색이고 방사형 형태의 선이 있고 테두리는 일반적으로 흰색이고 테두리가 톱니같이 찢어지는 경우가 많다. 유사한 다른 버섯과 달리 버섯대가 확실하게 있고 버섯대에는 가시 같은 돌기가 있다. 식용 및 약용 여부는 알 수 없다.

발생 시기 여름~가을

발생 위치
참나무 같은 활엽수 아래의 땅에서 독자생존하거나 군생한다.

갓 모양
비틀어진 원형이거나 부채 모양, 또는 낮은 깔대기 모양이고 지름은 1~4cm이고 갓이 연결되는 경우가 많다. 표면 색상은 다갈색이고 동심원 모양의 무늬가 있으며 테두리는 흰색인 경우가 많고 톱니처럼 갈라지는 경우가 많다. 표면은 약간 광택이 있고 두께는 얇다.

자실층
길이 1~4mm의 침이 돌기처럼 돋아나 있고 내린침이다.

대
길이 1~3cm이고 가죽질이다. 모피 같은 질감이 있다. 대의 하단부는 상단부보다 굵고 흰색이었다가 갈색이 된다.

포자
포자의 크기는 4~7㎛ 정도이다. 기름 방울 모양이고 표면에 사마귀가 있고 갈색이다.

채취 필요한 경우 채취한다.

식용 식용 불명이다.

약용 약용 불명이다.

항암, 빈혈에 좋은
꽃송이버섯

꽃송이버섯과 *Sparassis crispa* 10~30cm

 산의 소나무 그루터기나 고목, 뿌리 부근에서 발생하는 맛이 좋은 버섯이다. 최근에 농장에서 키우는 경우가 많다. 채취할 때는 흰색의 버섯을 채취해야 하며 연노란색으로 변한 것은 소화가 잘 되지 않으므로 식용을 피한다. 밑에서 짧고 뭉툭한 버섯대가 올라온 뒤 가지가 수없이 분지하면서 꽃양배추 모양으로 자란다. 자연에서 채취한 경우 가지 사이에 끼여 있는 흙먼지를 철저하게 세척한 뒤 식용한다.

발생 시기 여름~초가을

발생 위치
침엽수 고목이나 그루터기에서 발생한다. 특히 소나무에서 많이 발생한다.

갓 모양
밑의 버섯대가 여러 개로 분지한 뒤 그 위에 꽃양배추 모양의 버섯이 달린다. 전체 지름은 10~30cm이고 색상은 흰색~연한 황색이다.

자실층
살색은 흰색~연한 황색이고 얇고 부드럽다.

대
대의 길이는 2~5cm이고 그 위에서 잔가지가 갈라진다.

포자
포자의 크기는 6×4㎛ 정도이다. 달걀 모양이고 표면은 미끈하다.

채취 여름~초가을에 채취한다.

식용
식용 버섯이며 맛있는 버섯 중 하나이다. 상태가 좋은 흰색의 싱싱한 버섯을 채취한 뒤 잎 사이에 묻은 흙이나 먼지를 깨끗이 세척하고 식용한다. 노란색으로 변한 것은 소화가 잘 되지 않는다.

약용
항암, 항균, 빈혈, 몸의 면역력을 높이는 데 효능이 있다.

신장염에 좋은 성분이 있는
기계충버섯

바늘버섯과 *Irpex lacteus* 수십cm

목재부후균으로 목재를 부패시킨 뒤 자연에 환원하는 기능을 한다. 연중 내내 발생하지만 보통은 여름·가을에 많이 볼 수 있다. 주로 죽은 활엽수에서 많이 발생한다.

조개껍질 같은 작은 균모가 연이어지면서 수십 센티미터까지 크기를 확장한다. 갓의 아래쪽은 이빨 모양의 바늘 돌기가 있다. 식용 불명이지만 신장염에 좋은 성분이 많이 함유되어 있다.

발생 시기 연중 내내

발생 위치
깊은 산 계곡가의 죽은 활엽수에서 많이 발생하지만 간혹 침엽수에서도 발생한다.

갓 모양
길쭉한 선반형이거나 조개껍질 모양이고 가죽질이다. 크기는 몇 센티미터 이하이지만 겹지듯 확장하여 수십 센티미터 크기가 된다. 표면은 흰색~황색이자 잔털이 있고 고리 무늬가 있다.

자실층
흰색~연한 황갈색이고 이빨 모양의 침이 있다. 침의 길이는 1~5mm이고 생김새는 제각각이다.

대 대는 없다.

포자
포자의 크기는 6×3㎛이고 모양은 타원형이며 표면은 미끈하다.

채취 필요한 경우 채취한다.

식용 식용 불명이다.

약용
17종류의 아미노산 등의 성분이 함유되어 있다. 신장염, 만성신염, 면연력 회복에 효능이 있을 것으로 보인다.

항암에 약용하는
흰둘레줄버섯(큰줄버섯)

아교버섯과 Bjerkandera fumosa 2~12cm

여름에서 초겨울 사이에 버드나무나 참나무 같은 활엽수 고목이나 죽은 나무줄기에서 중첩하여 발생하는 버섯이다. 갓은 조개껍질 모양이나 서로 중첩하여 발생하는 경우가 많다. 식용은 할 수 없지만 중국에서는 항암 목적으로 약용하기도 한다.

목재에 백색부후를 일으켜 자연에 환원하는 버섯이다.

200 버섯 도감

발생 시기 여름~초겨을

발생 위치
버드나무나 참나무 같은 활엽수 고목이나 죽은 나무줄기에서 홀로 발생하거나 중첩해 발생한다. 침엽수에서 발생하는 경우도 있다.

갓 모양
버드나무나 참나무 같은 활엽수 고목이나 죽은 나무 줄기에서 홀로 발생하거나 중첩해 발생한다. 침엽수에서 발생하는 경우도 있다.

관공
갓이 민면을 접체적으로 크림색~갈색이다. 관공은 원형이거나 다각형이고 지름 2~4mm, 깊이 3mm 내외이고, 연한 회갈색이다.

대
대는 없고 배착성 혹은 반배착성으로 줄기에 붙어서 발생한다.

포자
포자의 크기는 6×3.5㎛ 정도이다. 타원형이고 표면은 평탄하다.

채취 약용 목적으로 채취한다.

식용
식용하지 않는다.

약용
해외에서는 자궁암 등에 약용한다.

독버섯인
솔바늘버섯(줄바늘버섯)

아교버섯과 *Steccherinum rhois*   1~3cm

 여름~가을에 참나무 같은 활엽수의 죽은 고목이나 목재에서 발생하는 버섯이다. 목재를 부패시킨 뒤 자연에 환원하는 목재부후균이다. 썩은 목재에 백색이 나타나는 백색부후균이다. 갓의 표면은 적갈색~황색이며 짧은 털이 밀집해 있고, 갓의 밑면은 황토색이며 바늘 같은 돌기가 촘촘하게 나 있다. 식용 및 약용 여부를 알 수 없는 독버섯의 하나이다. 유사종으로 '동심바늘버섯' 등의 3~4종류가 있다.

🍄 **발생 시기** 여름~가을

🍄 **발생 위치**
죽은 참나무나 활엽수에서 무리지어 군생한다.

🍄 **갓 모양**
1.5cm 정도 반원형~조개껍질형의 갓처럼 돌출하지만 서로 합쳐져서 자란다. 표면은 연한 적갈색~황색이고 고리 무늬가 있다. 짧은 털이 밀생해 있다.

🍄 **자실층**
가죽질이다. 갓 밑면은 황토색이고 2mm 길이의 바늘 같은 침이 밀생해 있다. 갓 밑면까지 갈색 선이 있다.

🍄 **대** 버섯대가 있거나 없는 반배착성이다.

🍄 **포자**
포자의 크기는 3×2.5㎛ 정도이다. 달걀형이고 표면은 미끈하고 무색이다.

🍄 **채취** 필요한 경우 채취한다.

🍄 **식용** 식용할 수 없는 독버섯이다.

🍄 **약용** 약용 불명이다.

방귀처럼 포자를 발생하는
테두리방귀버섯 & 목도리방귀버섯

방귀버섯과 *Geastrum sessile* 2~4cm

국내에는 테두리방귀버섯, 목도리방귀버섯, 애기방귀버섯, 꼴뚜기방귀버섯 등이 있다. 모두 식용할 수 없으며 보통 약용하되 외용 목적으로 사용한다. 내피는 도토리 모양과 비슷하고 외피가 테두리 또는 목도리 형태로 갈라진다. 내피 위 상단의 뾰족한 곳으로 포자가 방귀를 끼듯 분출한다. 테두리방귀버섯과 목도리방귀버섯은 지름 2~4cm 정도이고 애기방귀버섯은 지름 1~2cm 정도이다. 식용이 불분명한 버섯이다.

발생 시기 여름~가을

발생 위치
산 속의 부식질 낙엽 토양에서 군생을 이루는 경우가 많다. 보통 비온 뒤에 출현한다.

갓 모양
갓이 없다. 내피는 지름 2~4cm의 도토리 모양 자실체이고 색상은 백색~누런 갈색이다. 성숙하면 외피가 별 모양의 5~10개로 갈라진다.

주름살
주름살이 없다. 애기방귀버섯의 경우 구의 표면에 갈색 솜털이 있다.

대 대가 없다.

포자
지름 3~4㎛의 공 모양이고 사마귀 모양 돌기가 있다. 색상은 연한 갈색이다.

채취
가을에 채취한 뒤 외피는 제거하고 내피만 약용한다.

식용
식용할 수 없다. 외국의 인디언 같은 원주민들이 어린 버섯을 더러 식용했다는 기록이 있지만 가급적 식용을 피한다.

약용
버섯에 여러 지방산이 함유되어 있다. 목도리방귀버섯(Geastrum triplex)의 맛은 맵고 성질은 평하다. 부종, 염증, 지혈, 편도선염에 1~3g을 사용한다.

요리에서 즐겨 사용하는
목이버섯

목이과 *Auricularia auricula-judae* 4~8cm

전국의 깊은 산 활엽수 고목에서 발생하는 목재부후균이다. 지리산, 충청도, 강원도 깊은 산의 뽕나무, 느릅나무, 버드나무 등에서 볼 수 있다. 맛이 쫄깃하고 식감이 좋기 때문에 참나무 원목으로 재배하는 경우도 더러 있다. 시장에서 판매되는 제품은 털목이버섯이 혼입되어 판매되는 경우도 많다.

중화 요리집의 탕수육이나 짬뽕 등에서 흔히 사용하는 식재료이다.

🍄 **발생 시기** 여름~가을

🍄 **발생 위치**
활엽수 고목에서 중첩되어 무리지어 군생한다.

🍄 **갓 모양**
갓의 지름은 3~12cm 내외이고 종 모양, 잔 모양, 귀 모양이지만 건조하면 크게 수축되어 독특한 모양이 된다. 건조하지 않은 경우 젤라틴 질감이고 쫄깃하다.

🍄 **자실층**
표면보다 연한 색이고 연락맥이 있다.

🍄 **대** 대는 없고 몸통이 활엽수에 붙어서 자란다.

🍄 **포자**
콩팥 모양이고 표면은 평탄하다. 포자가 생성될 무렵에는 버섯 전체가 흰 가루를 뿌린 것처럼 변한다.

🍄 **채취**
주로 식용 목적으로 채취한다.

🍄 **식용**
건조된 목이버섯을 미지근한 물에 불리면 다시 쫄깃해진다. 적당한 크기로 자른 뒤 찌개 요리에 넣거나 야채와 볶아서 식용한다.

🍄 **약용**
버섯 중에서 비타민 D와 식이 섬유가 풍부하므로 다이어트용으로 안성맞춤이다. 지혈 효능이 있어 한방에서는 치질, 자궁출혈에 사용한다.

목이버섯처럼 식용하는
털목이

목이과 Auricularia polytricha 4~8cm

　보통 봄~가을에 활엽수 고사목 등에서 자생한다. 목이버섯과 마찬가지의 젤리 재질의 버섯이지만 갓의 표면에 잔털이 있다. 갓의 밑면은 털이 없고 미끈하다. 갓의 지름은 4~8cm이고 두께는 2~5mm 정도이다. 건조시킨 것을 물에 불려서 목이버섯처럼 식용하거나 약용한다. 전국의 산에서 흔히 볼 수 있다. 목이버섯처럼 짬뽕 등에 넣어 먹을 수 있는데 맛은 목이버섯에 비해 덜하다.

🍄 **발생 시기** 봄~가을

🍄 **발생 위치**
전국의 깊은 산 활엽수 고목이나 썩은 나무에서 군생한다.

🍄 **갓 모양**
갓은 종 모양, 귀 모양, 공 모양, 잔 모양으로 나타나고 부드러운 젤리 질감이다. 갓의 표면은 회백색이고 털이 있다.

🍄 **자실층**
갓의 아래면에는 털이 없고 갈색~자갈색이다.

🍄 **대** 대가 없다.

🍄 **포자**
콩팥 모양이고 표면은 매끈하다. 지름 7~11μm이다. 표면에 미세한 반점이 있다. 포자의 색상은 황색이다.

🍄 **채취**
거의 연중채취할 수 있다. 세척한 뒤 건조시키면 딱딱해진다.

🍄 **식용**
목이버섯과 마찬가지 방법으로 식용한다. 건조시킨 털목이를 물에 푼 뒤 중국식 요리나 잡채 요리에 넣는다. 맛은 목이버섯과 마찬가지로 꼬들꼬들하다.

🍄 **약용**
맛은 달고 성질은 평하다. 원기회복, 산후허약, 지혈, 류머티즘, 수족마비, 폐, 자궁출혈, 고혈압 등에 효능이 있다.

식용 버섯인
아교좀목이

좀목이과 *Exidia uvapassa* 0.5~10cm

 참나무 등의 활엽수 고목이나 죽은 나무에서 발생하는 목재부후균이다. 목재를 부패시킨 뒤 자연으로 환원시킨다. 목재 틈에 숨어 있다가 습기를 머금으면 공처럼 부풀어오르고 공기가 메마르면 흑갈색의 가죽질로 변한다. 공처럼 부풀어오를 때는 젤리 질감이며 표면에 미세한 돌기가 있다. 식용 버섯이며 국물 요리로 먹으면 아무 맛도 나지 않지만 꿀에 버무려서 먹으면 먹을 만하다.

🌱 **발생 시기** 봄~가을

🌱 **발생 위치**
참나무 같은 활엽수 고목이나 썩은 목재, 시든 가지에서 무리지어 발생한다.

🌱 **갓 모양**
구형, 방석형, 귀형 등 다양한 모양이 있다. 습도가 높으면 젤리 질감이지만 건조하면 가죽 질감으로 변한다. 일반적으로 서로 붙지 않고 따로따로 떨어져 발생한다. 표면의 색상은 황갈색~적갈색이다.

🌱 **자실층**
물결 형태이거나 구불구불한 뇌 모양이고 약간 돌기가 있는 경우도 있다.

🌱 **대** 대는 알 수 없다.

🌱 **포자**
포자의 크기는 14×5㎛ 정도이며 달걀 모양이거나 신장 모양이고 표면은 미끈하지만 돌기가 있는 경우도 있다.

🌱 **채취** 봄~가을에 채취한다.

🌱 **식용**
식용 버섯이며 데친 뒤 식용한다. 특유의 향이나 맛은 없고 부드럽고 끈적이는 식감이다. 꿀에 버무려서 먹으면 먹을 만하다.

🌱 **약용** 약용 불명이다.

혀 모양의 버섯
혀버섯

붉은목이과 *Guepinia spathularia* 0.2~0.5cm

나무의 표면이나 갈라진 틈새에서 일렬로 군생한다. 높이 1.5cm 정도의 주걱 모양이고 젤리 질감을 가졌다. 보통은 젤리 질감의 노란색~등황색인 경우가 많지만 축축한 날에는 점성이 있고 날씨가 건조하면 딱딱하고 흰색으로 변한다. 머리는 부채 모양이거나 혀 모양이고 머리와 대는 구분이 잘 안 된다. 때로는 대가 가지치기를 하여 갈라지기도 한다. 목재부후균 버섯 중 하나로서 고목을 부패시킨 뒤 자연으로 환원시킨다.

🌱 **발생 시기** 연중 내내

🌱 **발생 위치**
전국에서 발생한다. 보통 침엽수 고목이나 그루터기, 죽어 가는 나무 표면, 혹은 틈에서 군생을 이룬다.

🌱 **갓 모양** 갓 대신 수격, 혀, 부채 모양의 미리기 있다.

🌱 **자실층**
머리와 몸통은 전체적으로 젤리 질감이지만 딱딱해지기도 한다.

🌱 **대**
머리의 지름은 0.2~0.5cm 정도이고 대를 포함한 전체 높이는 1~1.5cm이다.

🌱 **포자**
달걀 모양이거나 소시지 모양이다. 지름 7~11㎛이다. 표면에 미세한 반점이 있다. 포자의 색상은 황색이다.

🌱 **채취**
연중 채취할 수 있지만 크기가 작고 쓰임새가 없다.

🌱 **식용**
식용 불명 버섯으로 취급한다. 중국에서는 이 종을 식용했다는 기록이 있지만 비슷한 버섯이 15종 있으므로 가급적 식용을 회피한다.

🌱 **약용** 약용 여부는 알려지지 않았다.

젤리질의 뿔 모양 버섯
아교뿔버섯 &
등황색아교뿔버섯

붉은목이과 *Calocera corena* 1~1.5cm

  목재부후균으로 목재를 부패시킨 뒤 자연에 환원시킨다. 아교뿔버섯은 높이 1~1.5cm의 뿔 모양이고 젤리질이다. 짧은 밑동이고 머리는 몇 개로 분기되지만 밑동이 묻혀 있기 때문에 일반적으로 뿔이 개별적으로 올라온 것처럼 보인다.

  등황색아교뿔버섯(Calocera VISCOSA)은 높이 1~5cm이고 상단부가 여러 개로 분지되고 보다 강인해 보인다.

발생 시기 여름~가을

발생 위치
침엽수 혹은 활엽수 고목이나 죽은 나무에서 독자생존하거나 군생한다.

갓 모양
아교뿔버섯은 높이 1~1.5cm의 뿔 모양이며 젤리질이고 윗부분이 몇 개의 뿔로 분기된다. 연한 황색이거나 오렌지색이다. 등황색아교뿔버섯은 높이 1~5cm이고 나뭇가지 모양으로 윗부분이 분기된다. 습기가 많으면 젤리질이고 건조하면 목질이며 보통 등황색이다.

자실층 흰색~담황색이다.

대 대는 없고 전체가 뿔 모양이다.

포자
포자의 크기는 9×5µm 정도이다. 달걀 모양이고 표면은 미끈하다.

채취 필요한 경우 채취한다.

식용
식용 불명이다. 너무 크기가 작기 때문에 식용 가치가 없다.

##
약용 약용 불명이다.

불로초라고 불리는
영지

불로초과 *Ganoderma lucidum* 10~20cm

'불로초'라고 불리는 버섯이며 인삼에 버금가는 효능의 버섯이다. 《본초강목》에는 영지를 만병을 퇴치하는 버섯이라고 했고 《신농본초경》에는 생명의 영약이라고 말했다. 색상에 따라 흑지(黑芝), 청지(靑芝), 백지(白芝), 황지(黃芝), 자지(紫芝) 등이 있다. 보통은 깊은 산의 참나무, 벚나무, 밤나무 그루터기나 뿌리 부근의 땅에서 올라온다. 채취할 때는 뿌리째 채취하기보다는 가지치기 가위로 밑동을 잘라서 채취하는데 이 경우 다음 해에도 영지를 볼 수 있다.

발생 시기 여름~가을

발생 위치
깊은 산의 활엽수 그루터기나 그 주변 땅에서 발생한다.

갓 모양
갓의 모양은 공필 모양이고 지름은 10~20cm 내외, 두께는 1~3cm이다. 표면의 색상은 다갈색~흑갈색이다. 미세한 고리 주름이 있다. 전체적으로 목질처럼 딱딱하고 니스 같은 분비물이 흐르지만 초기에는 약간 물컹하지만 건조시키면 딱딱해진다.

자실층 관공이 있다.

대 길이는 2~10cm이고 지름은 0.5~3cm이다.

포자 달걀 모양이고 표면은 미끈하다.

채취
늦여름~가을에 채취하되 뿌리채 뽑지 않고 밑동을 가지치기 가위로 잘라서 채취한다.

식용
딱딱한 목질 형태이기 때문에 보통은 차로 우려 마신다.

약용
베타글루칸 등이 함유되어 있다. 고혈압에 특히 좋고 항암에도 효능이 있다. 자양강장, 진해, 비염, 간염, 치매 예방, 노화 예방, 이뇨, 진통에 좋다. 보통 4g을 달이거나 우려낸 뒤 1일 3회로 나누어 복용한다.

항암에 효능이 있는
잔나비걸상버섯
(잔나비불로초)

불로초과 *Elfvingia applanata* 5~50cm

 전체적으로 큰 조개를 닮은 버섯이다. 말굽버섯과 유사하게 종 모양이나 말굽 모양으로 성숙한다. 보통 속살이 진한 갈색이면 잔나비걸상버섯이다. 깊은 산의 참나무나 자작나무 등의 활엽수에서 자라는 버섯과 소나무에서 자라는 버섯이 있다. 표면에 원반형 고리와 함께 주름살이 있고 여러 층의 관공이 있다. 껍질은 단단한 목질이지만 속살은 코르크질이다. 식용보다는 약용 목적으로 사용하는 버섯이다.

발생 시기 연중

발생 위치
활엽수 그루터기나 살아 있는 나무에서 발생한다. 때로는 소나무에서도 발생하는데 모양이 조금 다르다.

갓 모양
갓의 지름은 5~50cm 내외, 두께 5~40cm 정도이다. 반원 모양에서 점점 산 모양이나 말굽 모양으로 변한다. 표면의 색상은 회백색이거나 회갈색이며 목질 같고 둘레는 둔하다.

자실층
진한 갈색의 코르크 질감이고 결이 있다. 각 층의 두께가 1~2cm인 관공이 있다.

대
대는 없다. 갓의 밑면은 회색이거나 황백색이고 상처를 내면 갈색으로 변한다.

포자
포자의 크기는 8×5μm 정도이고 달걀 모양이다.

채취
채취한 버섯을 작두로 잘게 썬 뒤 건조시킨다.

식용
딱딱한 목질이기 때문에 보통은 차로 우려 마시거나 달여서 마신다.

약용
맛은 쓰고 성질은 평하다. 항암, 신경쇠약, 폐결액, 뇌졸증 등에 효능이 있다. 5g을 200cc 물에 달인 뒤 1일 3회 나누어 마신다.

맛있는 버섯
싸리버섯

싸리버섯과 *Ramaria botrytis* 5~20cm

　여름~가을 사이에 깊은 산 활엽수 아래에서 올라온다. 짧고 굵은 밑동에서 수없이 분지한 잔가지가 올라온 뒤 산호형으로 모여 자란다. 속은 꽉 차 있지만 조직이 부서지기 쉬우므로 밑둥을 조심스레 잘라서 채취한다. 흰싸리, 송이싸리 종류만 식용할 수 있고 나머지 색상의 싸리는 독버섯이므로 식용을 피한다. 산에서 채취한 싸리버섯은 색상이 모호하므로 식용 여부가 판단되지 않을 때는 끓는 물에 데친 뒤 3일간 우려낸 뒤 식용한다.

🍄 **발생 시기** 여름~가을(주로 가을)

🍄 **발생 위치**
깊은 산의 활엽수 밑 뿌리 부근에서 독자생존하거나 군생한다. 침엽수 밑에서도 간혹 출현한다.

🍄 **갓 모양**
머리에 갓은 없고 산호형 머리 모양이다. 산호형 머리의 색상은 연한 홍색에서 흰색이다.

🍄 **자실층** 흰색이고 쉽게 부서진다.

🍄 **대**
대의 위쪽까지 굵은 토막 같고 대의 상단부에서 산호처럼 여러 가닥으로 잔가지를 친다. 대의 표면의 색깔은 흰색이거나 황토색이다.

🍄 **포자**
포자의 크기는 14×5㎛ 정도이고 방추형이다. 표면에 미세한 돌기가 있다.

🍄 **채취**
팔월 중순 이후 가을에 채취하여 햇볕에 건조시킨 뒤 각종 요리로 식용한다.

🍄 **식용**
흰싸리 종류만 식용할 수 있고 맛과 향이 좋다. 그 외의 붉은색, 노란색, 자주색, 황금색 싸리버섯은 독버섯이므로 식용할 수 없다.

🍄 **약용**
항암, 노화 예방, 비만, 당뇨 등에 효능이 있다.

식용할 수 없는
노랑싸리버섯

싸리버섯과 Ramaria flava 7~15cm

　노랑싸리버섯은 설사와 구토를 유발하는 독버섯이므로 식용하지 않는다. 산에서 만난 흰색 싸리버섯도 상단부가 황색을 띠는 경우가 있으므로 구별할 줄 알아야 한다. 일반적으로 밑부분 대가 길고 상단부 갈라진 부분이 짧으면 싸리버섯 종류이고, 밑둥부터 잔가지가 갈라지면 노란싸리버섯이다. 즉 아래 자루가 상대적으로 길고 갈라진 부분이 짧으면 식용이 가능하고, 아래쪽에서부터 잔가지가 갈라지면 독버섯 종류이다.

🍄 **발생 시기** 여름~가을

🍄 **발생 위치**
깊은 산의 혼효림 아래의 땅 위에서 독자생존하거나 군생하는데, 소나무 숲에서도 많이 볼 수 있다.

🍄 **갓 모양**
머리에 갓은 없고 산호형 머리 모양이다. 산호형 머리의 색상은 유황색이거나 황색이다.

🍄 **자실층** 쉽게 부서진다.

🍄 **대**
대의 아래쪽은 굵은 토막 같고 흰색이다. 버섯의 전체 높이는 10~20cm, 폭은 7~15cm이다.

🍄 **포자**
포자의 크기는 15×6㎛ 정도이고 장타원형이다. 표면에 사마귀 모양의 돌기가 있다.

🍄 **채취** 가을에 채취한다.

🍄 **식용**
설사, 구토를 유발하는 독성분이 있다. 가급적 식용을 금한다. 더러 식용하기도 하는데 이 경우 끓는 물에 데친 뒤 3일간 차가운 물에 우려내야 한다.

🍄 **약용** 항암 효능이 있지만 약용 시 주의한다.

식용할 수 없는
붉은싸리버섯

싸리버섯과　*Ramaria formosa*　10~20cm

　　붉은싸리버섯 역시 설사와 구토를 유발하는 독버섯이므로 식용하지 않는다. 약으로 사용할 경우 항암의 효능이 있다.
　　초기에는 흰빛이 섞여 있는 붉은색이며 후기에는 진한 붉은빛이나 복숭아빛으로 변한다. 일반적으로 밑부분에서부터 잔가지가 많이 갈라진다. 즉, 자루 아래에서부터 잔가지가 갈라지고 갈라진 잔가지들이 붉은빛이나 복숭아빛을 가지고 있으면 붉은싸리버섯이다.

- **발생 시기** 가을

- **발생 위치**
  깊은 산의 활엽수 밑 뿌리 부근에서 독자생존하거나 군생한다. 침엽수 밑에서도 간혹 출현한다.

- **갓 모양**
  머리에 갓은 없고 산호형 머리 모양이다. 산호형 머리 끝의 색상은 황색이거나 흰붉은색이다. 늙으면 자루 전체가 붉은색~담홍색~복숭아색으로 변한다.

- **자실층**
  흰색이지만 상처를 내면 붉은갈색으로 변한다.

- **대**
  대의 아래쪽은 굵은 토막 같고 대의 아래쪽에서부터 산호처럼 여러 가닥으로 잔가지를 친다. 대의 아래쪽 색깔은 붉은빛을 띤 흰색이다.

- **포자** 장타원형이다. 표면에 미세한 돌기가 있다.

- **채취** 가을에 채취한다.

- **식용**
  설사, 구토를 유발하는 독성분이 있으므로 식용을 피한다.

- **약용** 항암 효능이 있지만 약용 시 주의한다.

치매에 효능이 있는
좀나무싸리버섯

나무싸리버섯과 *Clavicorona pyxidata* 4~15cm

 깊은 산의 소나무 고목이나 죽은 가지에서 발생하는 싸리버섯과 비슷한 버섯이다.
 가지가 산호 모양으로 여러 갈래로 분지하고 분지된 가지가 다시 여러 갈래로 분지한다. 색상은 연한 황갈색~적갈색이다.
 쌀뜨물에 며칠 동안 우려내면 검정 물이 나오는데 검정 물을 버리고 충분히 세척한 후 찌개에 넣거나 볶아 먹는다. 약간 후추 맛이 난다. 약용할 경우 치매에 효능이 있다.

발생 시기 여름~가을

발생 위치
깊은 산의 썩은 나무에서 홀로 발생하거나 무리지어 발생하는데 주로 소나무에서 발생한다.

갓 모양
갓은 없고 산호 모양으로 줄기가 여러 개로 분지를 한다. 크기는 4~15cm 내외이다. 보통 하나의 마디가 3~6개의 작은 가지가 분지한 뒤 작은 가지들도 다시 분지하여 전체적으로 산호형을 만든다. 표면은 연한 황갈색이었다가 점차 적갈색으로 변한다. 육질은 부드럽다가 점점 질겨지고 각질화된다. 살색은 흰색이다.

자실층
분지된 가지마다 자실층이 얇게 분포되어 있다.

대
자루에 흰색~적갈색 털이 분포되어 있고 기부에는 짙은 색 털이 덩어리져 있다.

포자

포자의 크기는 5x3㎛ 정도이다. 타원형이고 표면은 평탄하다.

채취 식용 또는 약용 목적으로 채취한다.

식용
설사를 유발하지만 식용할 수 있다. 쌀뜨물에 며칠 동안 우려낸 뒤 식용한다.

약용 치매에 효능이 있다.

항암 유효 성분이 함유된
꽃방패버섯
(꽃구멍장이버섯)

방패버섯과 *Albatrellus dispansus* 5~20cm

 밑에서 짧은 줄기가 올라온 뒤 잔가지가 꽃다발처럼 갈라지며 잔가지 끝은 주걱형, 방패형, 반원형 등이고 테두리는 불규칙한 모양으로 갈라진다. 버섯 빛깔은 황색이거나 황백색이지만 건조하면 붉은빛을 띤다. 표면에는 인편이 있거나 없다. 살색은 흰색이고 잘 부서진다. 식용은 불가능하고 약용 목적으로 사용한다. 언뜻 보면 잎새버섯과 비슷하다. 북한에서는 박쥐춤버섯이라고 부른다.

- **발생 시기** 늦여름~가을

- **발생 위치**
  전국에서 볼 수 있다. 활엽수나 혼효림 아래에서 독자생존하거나 몇 개가 군생을 이룬다.

- **갓 모양**
  주걱형이거나 부채형이고 갓 끝은 파도형이다. 갓의 지름은 3~6cm 내외, 두께 0.3mm 정도이다. 잔가지가 여러 개 올라온 경우 폭이 5~20cm 정도이다. 표면은 황색이다.

- **자실층**
  휜색이고 부드럽다. 갓은 대에 대해 내린형이다. 깊이 1mm 정도의 관공이 있다.

- **대**
  대는 짧고 잔가지가 갈라진다. 대를 포함한 잔가지 전체의 높이는 5~15cm이다.

- **포자** 타원 모양이고 표면은 미끈하다.

- **채취** 그루터기나 풀밭에 있는 버섯을 떼어낸다.

- **식용** 식용을 피한다. 약간의 독성이 있어 복통을 일으킨다.

- **약용** 항암, 항균 효능이 있다.

식용 및 약용하는
황소비단그물버섯

그물버섯과 *Suillus bovinus* 3~11cm

　소나무나 잣나무 등에서 군생하는 버섯으로 식용 및 약용할 수 있다. 식용할 경우 약간 달콤하고 좋은 향기가 있다. 갓의 표면은 점성이 강한 편이고 갓의 하단에는 그물 모양의 녹황색 관공이 있다. 대의 상단부는 비교적 하얗고 대의 표면에 세로줄 비슷한 것이 있다. 비슷한 버섯인 젖비단그물버섯(Suillus granulatus)은 대의 상단부에 알갱이 같은 인편이 있고 상처를 내면 살색이 갈색으로 변한다.

발생 시기 여름~가을

발생 위치
깊은 산 소나무 숲에서 독자생존하거나 군생한다.

갓 모양
갓의 지름은 3~11cm 내외이고 반구형에서 편평형으로 자란다. 갓의 색상은 황갈색~적갈색이고 점성이 많다. 상처를 내도 살색이 변하지 않는다.

자실층
관공은 다소 내린형이며 관공의 색상은 녹황색이고 다각형 모양이다. 살색은 흰색~연한 살색이다.

대
길이 3~6cm이고 속이 차 있다. 표면은 갓 표면보다 연한 색상이고 하단부는 진하다.

포자
포자는 9×3㎛로 타원형이고 표면은 미끈하다.

채취 여름~가을에 채취한다.

식용
식용 버섯이며 맛은 부드럽고 약간 과일 향이 난다.

약용 노화 예방에 효능이 있다.

대에 그물 무늬가 있는
일본연지그물버섯

귀신그물버섯과 *Heimiella japonica* 5~8cm

　대에 그물 무늬가 있으므로 대의 그물 무늬와 갓 밑면의 관공 모양을 확인한다. 대에 그물 무늬가 없고 줄 무늬가 있으면 '붉은그물버섯'이거나 좀노랑그물버섯(Boletellus obscurococcineus) 종류이고 대에 턱받이가 있으면 또 다른 종류의 그물버섯이다. 일본연지그물버섯은 대에 붉은색 그물 무늬가 있고, 갓의 표면은 습할 때 약간 끈적거림이 있다가 없어지고, 대에 턱받이가 없다. 자른 부분이 때에 따라 청색으로 변한다.

발생 시기 여름~가을

발생 위치
깊은 산의 혼효림이나 침엽수림 아래의 땅에서 독자생존하거나 군생한다.

갓 모양
갓의 지름은 5~8cm 내외이고 반구형에서 둥근 산 모양형으로 성장하고 테두리가 돌출한다. 표면은 매끄럽고 끈기가 있다가 없어진다. 표면의 색상은 적갈색~붉은색이다.

자실층
관공은 올린형~끝붙은형이고 깊이는 8~15mm이다. 관공의 모양은 원형~다각형이다. 속살은 담황색이고 자른 부분이 때에 따라 청색으로 변한다.

대
길이는 6~12cm이고 대의 속은 차 있다. 대의 표면에 뚜렷한 그물 무늬가 있다.

포자
포자의 크기는 12×7㎛ 정도이며, 타원형이고 녹갈색이다.

채취 여름~가을에 채취한다.

식용 식용 여부는 알 수 없다.

약용 약용 여부는 알려지지 않았다.

갓의 표면에 뾰족한 인편이 있는
침비늘버섯

독청버섯과 *Pholiota squarrosoides* 3~13cm

　유사종으로 비늘버섯, 검은비늘버섯, 금빛비늘버섯, 땅비늘버섯, 노란비늘버섯 등이 있다. 목재부후균으로 고목이나 목재를 부패시키는 역할을 한다. 갓 표면과 대의 표면에 침 같은 인편이 있다. 대부분의 비늘버섯은 비와 바람에 의해 인편이 잘 떨어지지만 침비늘버섯은 인편이 잘 떨어지지 않는 영구성을 가졌다. 비늘버섯은 종류에 따라 식용 가능한 버섯과 식용 불가능한 독버섯이 있으므로 식용에 주의한다.

🍄 발생 시기 여름~가을

🍄 발생 위치
깊은 산의 고목 틈에서 군생하거나 혼효림 아래의 땅에서 발생한다.

🍄 갓 모양
갓의 지름은 3~12cm 내외이고 반구형~편평형으로 성장한다. 표면에 가시 모양의 흰색~담황색 인편이 빽빽하게 있는데 가운데에 많이 몰려 있다.

🍄 주름살
황백색이다. 완전붙은형이며 밀생한다. 속살은 황백색이다.

🍄 대
길이는 5~12cm이고 굵기는 1~1.5cm이다. 대의 위에 솜털 모양의 턱받이가 있고 턱받이 위쪽은 인편이 거의 없다. 턱받이 아래는 갓의 표면과 비슷한 색상의 인편이 있다.

🍄 포자
포자의 크기는 6.5×4.5㎛ 정도이다. 달걀형~타원형이고 표면은 미끈하다.

🍄 채취 가을에 채취한다.

🍄 식용
소금물에 데친 뒤 찬물에 잘 우려내면 식용이 가능하지만 비슷한 생김새의 유사종이 많으므로 식용을 피한다. 잘못 식용하면 복통과 설사가 발생한다.

🍄 약용 약용 여부는 알려지지 않았다.

고소한 맛의 식용 버섯
개암버섯

독청버섯과　*Naematoloma sublateritium*　10cm

　목재를 자연으로 환원하는 목재부후균으로 깊은 산 활엽수나 활엽수 그루터기에서 무더기로 발생한다. 독버섯인 노란다발버섯과 비슷하지만 색상이 밤 껍질색에 가까운 짙은 색이다. 흔히 밤버섯이라고도 불린다. 맛있는 버섯의 하나로서 야생 버섯 중 인기 있는 식용 버섯이다. 갓의 테두리에 털 같은 피막이 붙어 있으므로 유사 버섯과 구별하는 동정 포인트로 삼는다.

- 🌱 **발생 시기** 봄~늦가을

- 🌱 **발생 위치**
  깊은 산의 참나무나 밤나무에서 무리지어 다발로 발생한다.

- 🌱 **갓 모양**
  갓의 지름은 3~8cm이고 반구형에서 편평형으로 전개한다. 갓의 표면은 약간 습기가 있지만 접성은 없다. 갈황색~적갈색이고 갓 둘레는 옅은 색이며 흰색의 피막이 붙어 있다

- 🌱 **주름살**
  주름살은 빽빽하고 대에 홈생긴형~끝붙은형이다. 색상은 황색에서 자갈색으로 변한다.

- 🌱 **대**
  길이 5~10cm이다. 대의 상단은 황백색, 아래는 녹갈색이고 섬유 무늬가 있다. 대의 속은 차 있고 턱받이는 없다.

- 🌱 **포자**
  포자의 크기는 7x4㎛ 정도이다. 타원형이고 표면은 평탄하다.

- 🌱 **채취**
  식용 목적으로 채취하는데 비슷한 독버섯이 있으므로 채취에 주의한다.

- 🌱 **식용**
  고소한 맛의 맛있는 버섯 중 하나로서 소금물에 데친 후 식용한다.

- 🌱 **약용**
  약용 버섯으로도 이용한다.

맹독버섯
노란다발

독청버섯과 *Naematoloma fasciculare* 1~5cm

 전국의 산에서 흔히 볼 수 있는 독버섯이다. 수개 혹은 수십 개가 군생을 이룬다. 갓의 색상은 황색~황록색이고 가운데는 황갈색이다. 갓 테두리에 내피막이 붙어 있는 경우도 있다. 대의 길이는 2~12cm이고 원통형이다. 대 속은 비어 있고 대의 표면에는 섬유상 인편이 있다. 맹독성 버섯이므로 비슷한 모양의 개암버섯과 혼돈하여 식용하지 않도록 주의한다.

발생 시기 봄~가을

발생 위치
전국의 깊은 산속의 고목이나 그루터기에서 군생을 이룬다.

갓 모양 반구형에서 볼록편평형으로 변한나.

주름살
주름살과 대 사이에 홈생긴형이거나 주름살과 대가 붙은 끝붙은형이다. 주름살 간격은 빽빽하고 주름살 색상은 황색~녹갈색에서 자갈색으로 변한다.

대
대의 상하는 거의 같은 굵기이다. 대의 상단부에 턱이 있지만 탈락한다. 대의 상단부는 갓과 비슷한 색상이고 하단부는 등갈색이다.

포자 타원형이고 표면에 돌기가 없다.

채취 독버섯이므로 채취를 회피한다.

식용
소문난 독버섯이다. 씹으면 약간 쓰거나 매우 쓰다. 섭취량에 따라 혀가 마비되거나 쇼크가 오고 사망할 수도 있다.

약용 맹독성이므로 약용을 피한다.

독버섯의 하나인
흙무당버섯

무당버섯과 *Russula senecis* 5~10cm

깊은 산 활엽수 아래의 풀밭 사이에서 독자생존하거나 몇 개가 모여 자란다. 육질은 다소 부드럽지만 잘 부서진다.

갓의 표면에 방사형의 꽃 모양 무늬가 있다. 꽃 모양 무늬의 색은 갈색이고 테두리 색은 연한 색이다. 갓의 테두리를 따라 방사형 주름이 있다. 갓의 밑면 주름살에는 지저분한 얼룩이 많다. 살에서 약간 이상한 냄새가 나고 맛은 맵다. 식용할 수 없는 독버섯이다.

🌱 발생 시기 여름~가을

🌱 발생 위치
깊은 산 활엽수림 아래의 땅에 독자생존하거나 몇 개가 모여 자란다.

🌱 갓 모양
갓의 지름은 5~10cm 내외이다. 반구형에서 중앙오목편평형으로 자란다. 표면의 중앙부는 진한 갈색, 테두리 부분은 연한 갈색이다. 표면에 방사형 주름이 있다.

🌱 주름살
주름살은 약간 빽빽하고 대에 떨어진형이다. 주름살의 색상은 흰색~황백색이다.

🌱 대
길이는 5~10cm이고 속은 비어 있다. 색상은 연한 황색이고 표면에 얼룩 같은 점이 있다.

🌱 포자
포자의 크기는 7.5~9㎛이고 공 모양~기름방울 모양이다. 표면에 날개형 돌기가 있다.

🌱 채취 독버섯이므로 채취를 피한다.

🌱 식용 독버섯이므로 식용을 피한다. 약간 매운 맛이 난다.

🌱 약용 약용 여부는 알려지지 않았다.

약간 매운 맛이 나는
수원무당버섯

무당버섯과 *Russula mariae* 2~5cm

    활엽수나 침엽수 아래에서 자라는 중소형 버섯이다. 갓의 지름은 2~5cm이고 반구형에서 점차 깔대기형으로 자란다. 갓의 색상은 일반적으로 붉은색이지만 얼룩이 지거나 바래지기도 하고 갈색에 가까운 경우도 있다. 살은 흰색에 가깝고 상처를 내도 색이 변하지 않는다. 식용 여부는 불명한데 식용한다고 말하기도 한다. 식용하기에는 맛이 그리 좋지 않다.

🍄 **발생 시기** 여름~가을

🍄 **발생 위치**
활엽수 혹은 침엽수 아래에서 독자생존하거나 군생한다.

🍄 **갓 모양**
갓의 지름은 2~5cm 내외이다. 반구형에서 점차 중앙이 오목한 깔대기형으로 자란다. 표면은 붉은색이지만 얼룩이나 바래지는 경우 갈색, 회색, 보라색을 띄는 경우가 많고 분말 느낌이지만 습기가 많으면 점성이 생긴다.

🍄 **주름살**
떨어진형이고 약간 빽빽하거나 성글다. 주름의 색상은 흰색~엷은 노란색이다. 살색은 백색~연한 황색이며 비교적 연하고 잘라도 색이 변하지 않는다.

🍄 **대** 길이 2~5cm이고 비교적 연하다.

🍄 **포자**
포자의 크기는 7.5X6㎛ 정도이다. 달걀형이고 표면에 그물 모양 돌기가 있다. 연한 노란색이다.

🍄 **채취** 여름~가을에 채취한다.

🍄 **식용**
특유의 향이 있으며 약간 매운 맛이 나고 특유의 끈적임이 있다. 식용이 가능하다고 알려져 있지만 식용하기에는 버겁다.

🍄 **약용** 약용 불명이다.

고혈압에 특히 좋은
느타리

느타리과 *Pleurotus ostreatus* 5~15cm

　목재부후균으로 목재를 분해하여 자연으로 환원시킨다. 늦가을에 활엽수 고목이나 생목에서 중첩되듯 발생한다. 버섯대는 있거나 없기 때문에 나무에 선반같이 달리는 경우가 많고 한 뿌리에서 수많은 갓이 중첩되듯 올라온다.
　식감이 좋고 인기가 높기 때문에 재배하는 경우가 많다. 야생느타리는 늦가을에 산의 음지가 아닌 약간 햇빛이 들어오는 방향에서 찾는다.

발생 시기 봄~늦가을

발생 위치
활엽수 고목에서 중첩되어 발생하는 버섯이다.

갓 모양
갓의 지름은 2~9cm이고 반구형에서 점점 신장형이나 깔대기형으로 성장한다. 표면은 약간 습기가 있고 검정색에서 회갈색, 회색, 백색으로 성장한다. 갓의 가장자리는 나중에 물결 모양이 되기도 한다.

주름살
긴내린형이고 빽빽하다. 주름살 색상은 흰색~회색이다. 살색은 흰색이고 부드럽고 탄력이 있다.

대
대는 있거나 없다. 대의 길이는 1~3cm이고 흰색이며 기부는 흰색 털이 있다.

포자
포자의 크기는 9.5X3.5㎛ 정도이다. 원기둥 모양이고 무색이며 표면은 미끈하다.

채취 늦가을에 채취량이 많다.

식용 식용 버섯으로 유명하고 세계적으로 즐겨 먹는 가장 보편적인 버섯이다.

약용
엘고스테린이 함유되어 고혈압, 혈액순환, 동맥경화에 효능이 있다.

고혈압에 좋은
흰느타리(노랑느타리)

느타리과 *Pleurotus cornucopiae* 1~1.5cm

 느타리버섯에 비해 확실하게 대가 있다. 한 뿌리에서 여러 대가 올라온 뒤 서로 가지치기를 하여 한 다발로 중첩되어 달린다. 한 다발 전체의 너비가 15cm 정도 되는 경우도 있다. 백색부후균으로 목재를 부패시켜 자연으로 환원시킨다. 국내에서는 노랑느타리라고 알려져 있지만 정명은 흰느타리이다.
 유사한 버섯으로는 Pleurotus citrinopileatus 품종이 있다.

- **발생 시기** 여름 장마철~가을

- **발생 위치**
  활엽수 고목이나 그루터기에서 중첩되어 발생하는 버섯이다.

- **갓 모양**
  갓의 지름은 1~2.5cm이고 반구형에서 점점 신장형이나 깔대기형으로 성장한다. 표면은 약간 습기가 있고 노란색이거나 연한 노란색이다. 갓의 가장자리에 흰색 솜털 같은 것이 있다.

- **주름살**
  긴내린형이고 빽빽하다. 주름살 색상은 흰색~노란색인데 살색은 흰색이며 질기고 탄력이 있다.

- **대**
  대의 길이는 2~5cm이고 흰색이거나 노란색이다.

- **포자**
  포자의 크기는 9X4㎛ 정도이다. 원통형 또는 타원 모양이다.

- **채취** 필요할 때 채취한다.

- **식용**
  식용 버섯으로 유명하다. 최근 농가에서 재배하여 많이 보급하고 있지만 어느 품종인지는 정확하지 않다.

- **약용** 고혈압, 당뇨에 효능이 있다.

항암, 혈액순환에 효능이 있는
표고버섯

느타리과 *Lentinula edodes* 4~20cm

 항암 효능이 있다. 아시아의 우리나라, 일본, 중국 등이 일찍부터 재배했고 지금은 서구에서도 인기가 많아 재배하는 국가가 많다. 싱싱한 것보다는 건표고를 높이 쳐준다. 맛이나 식감도 좋지만 위암 같은 암에 효능이 있고 혈액순환에는 특히 좋다. 국내에서는 강원도의 높은 산의 통풍이 잘 되는 능선 부근 참나무 숲의 반쯤 쓰러진 말라가는 나무에서 많이 발생한다. 자연산은 보통 5월 말 전후, 9월 말 전후에 많이 볼 수 있다.

발생 시기 봄~가을

발생 위치
높은 산의 참나무 등의 반쯤 쓰러진 활엽수 고목에서 독자 생존하거나 군생한다.

갓 모양
갓 모양은 반구형에서 편평형으로 성장한다. 표면은 담갈색~흑갈색이고 점점 거북등처럼 갈라져 인편이 생긴다. 갓 테두리에 얇은 막 흔적이 남아 있을 수 있다.

주름살
끝붙은형이거나 홈생긴형이다. 주름살은 빽빽하고 흰색이지만 간혹 갈색 얼룩이 생긴다. 살색은 흰색이고 향기가 있다.

대
길이는 3~8cm이다. 대의 상부에 턱받이가 있지만 쉽게 탈락하여 흔적으로 남는다. 턱받이 상단 대는 흰색이고 미끈하다. 자연산은 턱받이 하단 대가 흰색~연한 갈색이고 거친 털 같은 인편이 있다.

포자
포자의 크기는 5.5×3.5㎛ 정도이다. 타원형이지만 한쪽이 뾰족한 직사각형에 가깝다.

채취 필요할 때 식용한다.

식용 맛이 좋은 식용 버섯이다.

약용
성질은 순하고 맛은 달다. 건표고를 달여서 약용한다. 항암, 호흡질환, 혈액순환, 간, 피로회복, 노화 예방, 두통, 수종에 효능이 있다.

살구 냄새가 나는
꾀꼬리버섯

꾀꼬리버섯과 Cantharellus cibarius 3~8cm

　버섯 전체에서 연한 살구 향이 난다. 육질은 쫄깃하고 부드럽다. 깊은 산에서 초가을 비가 내린 후 흔히 발생한다.
　비슷한 모양의 버섯으로는 꾀꼬리버섯에 비해 크기가 절반 정도인 황금꾀꼬리버섯(Cantharellus cinnabarinus)과 애기꾀꼬리버섯(Cantharellus minor)이 있고, 크기는 절반 정도이고 붉은빛을 띠는 붉은꾀꼬리버섯(Cantharellus cinnabarinus)이 있다. 모두 식용할 수 있다.

발생 시기
늦여름~가을

발생 위치
깊은 산에서 홀로 독자생존하거나 무리지어 군생한다.

갓 모양
갓의 지름은 3~8cm 정도이다. 갓의 모양은 나팔 모양이고 테두리는 파도 모양 굴곡이 있어 심하게 뒤틀어지는 경우도 있다. 표면은 등황색이고 살색도 등황색이지만 건조하면 흰색이 된다.

주름살
주름살은 긴내린형이며 약간 빽빽하고 주름살 사이에 연락맥이 있다. 주름살 사이에 연락맥이 없으면 애기꾀꼬리버섯이다.

대
갓을 포함한 전체 높이는 3~8cm이다. 대의 상단부에 비해 하단부가 가늘다. 대의 속은 차 있다.

포자
타원형이고 표면은 미끈하다.

채취
초가을에 채취하여 식용한다.

식용
쫄깃하고 부드러운 식감이 있다. 맛은 뛰어나지 않지만 고급 버섯 요리에 사용한다.

약용
맛은 달고 성질은 차다. 항암, 시력증강, 야맹증, 피부건조증 등에 효능이 있다.

매우 맛있는 고급 버섯인
뿔나팔버섯

꾀꼬리버섯과 *Craterellus cornucopioides* 1~6cm

석회질 토양의 참나무나 철쭉 숲 부근에서 볼 수 있지만 매우 드문 버섯이다. 버섯의 색상이 검정색이기 때문에 낙엽이나 쓰레기와 혼동되어 발견이 용이하지 않다. 보통은 초겨울에 더 잘 보이는데 검정색 구멍이 있는지 찾아보는 방법이 빠르다.

북유럽권에서 즐겨 먹는 맛있는 버섯 중 하나이다. 생이나 건조시킨 것을 식용한다. 사람에 따라서는 송로버섯 아래급으로 취급하는 고급 식용 버섯이다.

발생 시기 늦여름~가을

발생 위치
깊은 산의 혼효림 아래에서 1개 또는 여러 개가 자란다. 보통 참나무, 가문비나무, 철쭉 부근에서 볼 수 있다.

갓 모양
갓의 지름은 1~6cm 내외이고 나팔 모양이다. 갓의 가운데는 버섯대까지 깊이 비어 있다. 갓의 표면에 검은색 비늘이 털처럼 덮여 있다. 약간 가죽 느낌이 난다.

주름살
긴 내린형이고 거의 평활하다. 표면은 회백색이다. 살색은 연한 회색이다.

대 길이 5~10cm이고 색상은 회백색이다.

포자
포자의 크기는 12×7㎛ 정도이다. 긴 타원 모양이고 표면은 미끈하다.

채취 가을~겨울에 채취한다.

식용
채취한 버섯은 생으로 식용하거나 건조시킨 후 식용한다. 건조시킨 버섯은 밀폐 용기에 넣고 보관한다. 약간 달콤한 맛을 가지고 있다.

약용
알려진 약효는 없지만 불포화지방산, 플라보노이드, 비타민 C, 단백질 외 15종의 아미노산을 함유하고 있다.

식용 버섯이지만 유사 독버섯이 많은
큰갓버섯

갓버섯과 Lepiota procera 8~30cm

맛이 좋은 식용 버섯이지만 유사종이 많다. 큰갓버섯은 버섯대에 뱀 무늬와 반지형 턱받이가 있다. '흰갈대버섯(흰독큰갓버섯)'은 버섯대에 뱀 무늬가 없고 상처를 내면 청자색으로 변하는 독버섯이다. 버섯 대에 뱀 무늬가 있지만 턱받이가 고리형이 아닌 커텐형인 경우 '망토큰갓버섯'이란 독버섯이다. 커텐이 찢어져 고리형으로 변하기도 하므로 인편이 갓 중앙부에 많이 몰려 있으면 망토큰갓버섯으로 동정한다.

🍄 발생 시기 여름~가을

🍄 발생 위치
부식질의 낙엽이 많은 땅이나 목장의 풀밭 등에서 독자생존한다.

🍄 갓 모양
갓의 지름은 8~30cm이다. 달걀형에서 산 모양이 되다가 중앙볼록편평형이 된다. 표면 색상은 담회갈색이고 표피가 갈라지면서 다각형 조각 같은 다갈색 인편이 붙어 있다. 갓에 상처를 내도 색상이 변하지 않는다.

🍄 주름살
흰색의 떨어진형이고 빽빽하다. 속살은 질기고 흰색의 솜과 같다.

🍄 대
길이는 15~30cm이다. 대의 표면에 회갈색 인편이 있어 뱀 무늬처럼 보이고 속은 비어 있다. 대의 상단에 고리 모양의 턱받이가 있어 위 아래로 움직일 수 있다.

🍄 포자
포자의 크기는 15×10㎛ 정도이다. 타원~달걀 모양이고 표면에 발아공이 있다.

🍄 채취 여름~가을에 채취한다.

🍄 식용
쌉싸레한 맛의 식용 버섯이다. 같은 환경에서 볼 수 있는 독버섯인 '흰갈대버섯'을 오인하고 먹는 경우가 많으므로 섬세한 관찰이 필요하다.

🍄 약용 항암, 항균, 소화에 효능이 있다.

식용 및 약용할 수 있는
말불버섯

말불버섯과 *Lycoperdon perlatum* 3~7cm

　둥근 머리와 하단에 짧은 대가 있다. 일반적으로 아령 형태라고 생각하면 된다. 만일 서양배처럼 생겼으면 '너도말불버섯'이고 크기가 절반 정도이고 고목이나 이끼에서 발생하면 '좀말불버섯'이다. 말불버섯은 표면에 크고 작은 가시 돌기가 있고 너도말불버섯은 가시 돌기와 작은 알맹이 같은 같은 것이 혼재해 있다. 말불버섯은 흰색일 때 식용할 수 있지만 황색~갈색으로 변하면 식용할 수 없다.

발생 시기 여름 장마철~가을

발생 위치
부식질의 낙엽이 많은 땅에서 독자생존하거나 군생한다. 특히 장마철 직후 많이 발생한다.

갓 모양
머리는 둥글거나 달걀형이고 지름 3~7cm이다. 표면 색상은 흰색에서 성숙기에는 황갈색~갈색으로 변한다. 가시 같은 돌기가 있고 나중에 탈락한다.

주름살
성숙기에는 머리 꼭지에서 구멍이 생기며 포자를 발생한다.

대 대의 길이는 2~6cm이다.

포자 공 모양이고 표면에 돌기가 있다.

채취
식용할 경우 흰색의 어린 버섯을 채취하고 황색~갈색 버섯은 식용할 수 없다.

식용
어린 버섯, 즉 흰색일 때는 식용할 수 있다. 튀겨서 먹으면 질 나쁜 빵과 비슷한 맛을 보인다. 단, 어린 버섯의 생김새가 유사종 독버섯인 어리알버섯류와 비슷하므로 채취 시 주의한다.

약용
항균 성분이 함유되어 있고 약용 효능은 앞의 말징버섯과 비슷하다.

식용할 수 없는
비늘말불버섯

말불버섯과 *Lycoperdon mammaeforme* 3~5cm

　부식질의 낙엽이 많은 토양이나 풀밭에서 발생하는 버섯으로 말불버섯과 거의 비슷한 모양의 버섯이다. 단, 표면에는 가시 같은 돌기가 없고 그 대신 다각형 각질이 붙어 있다. 이 각질은 비바람에 쉽게 퇴락하고 머리 아래쪽에만 붙어 있는 경우가 많다. 성숙하면 머리 꼭지에서 구멍이 생긴 뒤 포자를 발생시킨다. 말불버섯과 달리 식용할 수 없는 버섯이지만 약용 버섯으로 사용하기도 한다.

🌳 **발생 시기** 여름~가을

🌳 **발생 위치**
부식질의 낙엽이 많은 땅이나 초지에서 독자생존하거나 군생한다.

🌳 **갓 모양**
머리는 둥글고 지름 3~5cm이다. 표면 색상은 흰색에서 성숙기에는 황갈색이 된다. 표면의 돌기는 가시 모양이 아닌 다각형 조각이고 쉽게 탈락한다.

🌳 **주름살**
성숙기에는 머리 꼭지에서 구멍이 생기며 포자를 발생한다.

🌳 **대** 대의 길이는 3~5cm이다.

🌳 **포자**
갈색의 공 모양이고 표면에 사마귀 같은 돌기가 있다.

🌳 **채취**
식용에 적합하지 않는 버섯이므로 채취할 필요가 없다.

🌳 **식용**
식용할 수 없다. 어린 말불버섯을 채취할 때 비늘말불버섯과 혼돈하지 않도록 주의한다.

🌳 **약용**
포자를 지혈약으로 사용하는데 말징버섯과 같은 방식으로 사용한다.

어릴 때는 식용할 수 있는
좀말불버섯

말불버섯과 *Lycoperdon pyriforme* 1.5~3cm

활엽수 혹은 침엽수의 썩은 고목에서 발생한다. 내부 육질이 흰색인 어렸을 때는 식용할 수 있고 육질 색상이 흰색에서 다른 색으로 변하면 식용할 수 없다. 머리에서 하단까지 보면 거의 서양배 모양이지만 위에서 내려다보면 구형으로 보인다. 표면에 분말 같은 것이 있지만 나중에 퇴락하고 밋밋해진다. 노년기에는 머리 상단에 구멍이 생기면서 포자를 발생시키고 생을 마감한다.

발생 시기 여름~가을

발생 위치
활엽수 혹은 침엽수 썩은 고목이나 고목의 이끼에서 무리 지어 군생한다.

갓 모양
지름 1.5~3cm, 높이 2~5cm의 서양배 모양이다. 표면 색상은 흰색~황갈색이고 노년기에는 갈색으로 변한다. 표면에 분말이나 비듬이 덮여 있지만 탈락하고 광택이 있는 내피에서 구멍이 생기고 포자를 발생한다.

자실층 흰색에서 황색~초록갈빛으로 변한다.

대
위의 갓은 공 모양이고 아래쪽은 두툼한 대 모양이다.

포자
포자의 크기는 4㎛ 정도이다. 구형이고 표면은 미끈하다.

채취 필요한 경우 채취한다.

식용 어린 균모는 식용할 수 있다.

약용 항암 유효 성분이 함유되어 있다.

키가 큰 말징버섯
키다리말징(키다리말불)버섯

말불버섯과 *Calvatia excipuliformis* 8~20cm

　키다리말징버섯(키다리말불버섯)은 머리 크기가 '말징버섯'과 비슷하지만 높이 8~20cm까지 자라고 머리 표면에 작은 침이나 사마귀가 있으므로 유사종과 구별할 수 있다. 식용 및 약용 여부는 알려지지 않았지만 유사종인 '말징버섯'의 경우 속이 육질로 차 있는 어린 버섯을 사람이 식용할 수 있다. 또한 성숙기의 '말징버섯'은 사람이 약용하기도 한다.

발생 시기 여름~가을

발생 위치
숲속에서 홀로 발생하거나 군생한다.

갓 모양
머리는 둥글고 지름 3~10cm이다. 표면 색상은 황갈색~갈색으로 된다. 표면에 침 같은 사마귀가 있다. 살이 있지만 점점 황갈색 액체가 나오고 악취가 나고 가벼워진다. 이후 머리 껍질이 갈라지고 스폰지 모양의 포자가 날린다.

자실층
갈색이고 성숙하면 스폰지 형태가 된다.

대
전체 높이는 약 8~20cm이다. 물렁물렁하지만 질기다. 머리가 갈라지고 분말 형태의 포자가 바람에 날아가면 대만 남는다.

포자
포자의 크기는 4㎛ 정도이다. 공 모양이고 표면에 돌기가 있다.

채취 약용 목적으로 채취하는 경우가 더러 있다.

식용
식용 여부를 알 수 없다. '말징버섯'은 어린 버섯을 식용한다.

약용
항종양·항균 작용이 있다. '말징버섯'은 지혈, 폐렴, 생리불순에 약용한다. 코피가 나올 때 포자를 들이마시면 지혈이 된다.

식용하고 약용하는
귀신그물버섯 (솔방울그물버섯)

귀신그물버섯과 Strobilomyces strobilaceus 3~12cm

 갓의 지름은 3~12cm 내외이고 어두운 자주색이거나 검정색 인편이 붙어 있다. 갓의 모양은 반구형에서 편평형으로 성숙한다. 갓 밑면은 다각형 모양의 관공이 있고 흰색의 막이 어두운 색일 때 터진 뒤 갓의 테두리에 흔적으로 남는다. 버섯대는 흑갈색이고 솜털 같은 인편이 있다. 살에 상처를 내면 흰색에서 적검정색으로 변한다. 갓의 인편 모양과 포자의 모양에 따라 '털귀신그물', '솜귀신그물버섯' 등의 유사종이 있다.

발생 시기 여름~가을

발생 위치
활엽수림 아래의 땅에서 자란다. 침엽수림에서는 드물게 보인다.

갓 모양
갓의 지름은 3~12cm 내외이다. 반구형에서 편평형으로 자란다. 갓의 표면은 자줏빛 갈색이거나 검은색 비늘조각이 산재해 있다.

주름살
갓의 밑면은 흰색 막이 있다가 점점 갈색이 되고 터진 뒤 갓의 테두리에 얇은 막이 흔적으로 남는다. 관공은 다각형 모양이고 흰색이었다가 점점 검정색이 된다. 바른주름살~홈파진주름살이고 살은 흰색이지만 자르면 적검정색으로 변한다.

대
길이는 5~15cm이고 흑갈색이다. 털 같은 인편이 있다.

포자
포자의 크기는 9×9㎛ 정도이다. 거의 구형이고 표면에 그물 모양의 돌기가 있다.

채취 여름~가을에 채취한다.

식용
버섯에서 나무 냄새가 난다. 식용할 수 있지만 어린 버섯을 식용해야 한다.

약용 함암 유효 성분이 함유되어 있다.

주홍색의 예쁜
들주발버섯

접시버섯과 *Aleuria aurantia* 2~10cm

　늦여름~가을 사이에 비옥한 점토질 토양에서 발생하는 버섯이다. 주발 모양이고 갓 바깥쪽에 흰털이 있다. 식용은 가능하지만 독성이 있어 식중독을 일으키므로 소금물에 데친 후 식용한다. 맛은 별로 없다.
　식물체에 각종 아미노산과 색소가 함유되어 항암, 노화 예방에 효능이 있는 것으로 알려졌지만 정확한 임상 기록은 없는 것으로 보인다. 보통 주황색이고 주발 모양이거나 컵 모양이다. 밑 부분에 버섯대는 없다.

🌰 **발생 시기** 늦여름~가을

🌰 **발생 위치**
숲속의 햇볕이 비교적 잘 드는 점토질 토양에서 독자생존하거나 군생한다.

🌰 **갓 모양**
지름은 2~10cm이고 주발형이거나 접시형이다. 표면 색상은 주황색, 주홍색, 오렌지색이고 외각부에 흰색의 털이 가루같이 있다. 가장자리는 물결 모양이다.

🌰 **자실층** 주황색~주홍색이다. 살이 잘 부서진다.

🌰 **대** 대는 없다.

🌰 **포자**
포자의 크기는 20×9㎛ 정도이다. 타원형이며 표면에 그물 구조가 있고 양끝에 돌기 같은 것이 있다.

🌰 **채취** 필요할 때 채취한다.

🌰 **식용**
소금물에 철저하게 데친 뒤 찬물에 우려내면 식용할 수도 있지만 독버섯이므로 식중독을 일으킬 수 있다. 맛이 없으므로 보통 요리의 색깔을 내는 데 사용한다.

🌰 **약용**
버섯에 카로티노이드 색소가 함유되어 항암, 노화방지 등의 효능이 있다.

일종의 독버섯인
자주주발버섯

주발버섯과 *Peziza badia* 3~8cm

들주발버섯과 비슷하지만 색상이 흑갈색에 가깝고 털목이와 비슷하지만 털목이는 나무에서 발생하고 자주주발버섯은 땅에서 발생한다. 식용할 수 있지만 철저하게 데칠 경우에만 가능하고 가급적 식용을 권장하지 않는다. 여러 개의 자주주발버섯이 서로 붙어서 자라는 경우도 있다. 비슷한 버섯으로는 '주발버섯', '점토주발버섯' 등의 10여 종이 있는데 대부분 독버섯으로 간주하는 것이 좋다.

🔰 **발생 시기** 여름~가을

🔰 **발생 위치**
숲속의 사질 토양에서 독자생존하거나 군생한다.

🔰 **갓 모양**
지름은 3~8cm이고 주발형이거나 접시형이다. 표면 색상은 황록색이며 외부는 적갈색이고 외부에 가루 같은 것이 붙어 있다. 건조하면 흑갈색이 된다. 가장자리는 물결 모양이다.

🔰 **자실층** 살은 비교적 무르다.

🔰 **대** 대는 없다.

🔰 **포자**
포자의 크기는 19×9㎛ 정도이다. 타원형이고 표면에 그물 구조가 있고 양끝에 돌기 같은 것이 있다.

🔰 **채취** 필요할 때 채취한다.

🔰 **식용**
독버섯으로 간주하는 것이 좋다. 소금물에 철저하게 데친 뒤 찬 물에 우려내면 식용할 수도 있다고 한다. 잘못 먹으면 심한 복통이나 식중독을 일으킨다.

🔰 **약용** 약용 불명이나.

막걸리 주발 모양의
과립주발버섯

주발버섯과 *Peziza granulosa* 2~4cm

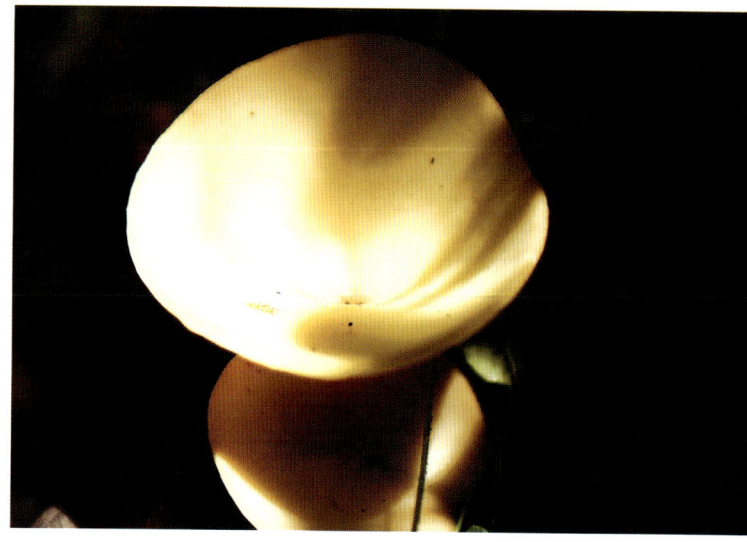

 목재를 자연으로 환원하는 목재부후균이다. 여름에 깊은 산의 축축한 고목에서 군생한다. 전체적으로 탁한 흰색~갈색의 컵 모양 버섯이고 성숙하면 컵 모양에서 쭈글쭈글한 모양으로 변한다.

 자실체의 크기는 2~4cm 정도이고 목재에 붙어 있고 대는 거의 없다.

 우리나라에서는 방태산 같은 깊은 산에서 자생하고 유럽에서도 볼 수 있다.

발생 시기 늦봄~초가을

발생 위치
월출산, 방태산, 속리산 같은 깊은 산의 축축한 고목에서 무리지어 군생한다.

갓 모양
크기는 2~4cm이고 컵 모양에서 여러 가지 모양으로 전개된다. 표면 색상은 올리브갈색에서 흑갈색으로 전개된다. 외각에 검은 비늘이 있다. 가장자리는 톱니가 없다가 점차 톱니가 생기거나 홈파진 모양이 된다.

자실층 올리브갈색이다.

대
전체적으로 컵 모양이므로 하단부의 대가 없다.

포자
포자의 크기는 20×13㎛ 정도이고 광타원형이다. 표면에 흐릿한 장식이 있다.

채취 필요한 경우 채취한다.

식용 식용 여부를 알 수 없다.

약용 약용 여부를 알 수 없다.

해조류 향이 나는
까치버섯

굴뚝버섯과 *Polyozellus multiplex* 10~30cm

깊은 산의 혼합림 아래에서 덩어리로 군생하는 버섯이다. 주로 가을에 소나무 아래에서 낳이 발생한다. 자실체의 크기는 10~30cm로서 하나의 줄기가 여러 갈래로 분지하여 부채 모양의 갓이 한무더기로 뭉쳐 있다. 윗면 색상은 짙은 청색이고 아래면 색상은 회청색이다. 곰버섯 혹은 먹버섯이라고도 불린다. 소금물에 데친 뒤 초장에 찍어 먹으면 쌉싸름한 해조류 향이 난다.

발생 시기 여름~가을

발생 위치
활엽수, 침엽수가 섞여 있는 숲에서 군생한다.

갓 모양
자실체의 크기는 10~30cm이다. 하나의 밑둥이 여러 개로 갈라지면서 상단부는 주걱형이거나 부채형을 이룬다. 상단부는 물결 모양으로 뒤집어지면서 양배추 잎 모양을 만든다. 자실체 표면은 보라빛을 띤 어두운 청색이다. 전체적으로 해조류가 굳어 있는 듯한 형태로서 어릴 때에는 부드럽지만 성숙하면 부서지기 쉽다.

자실체
얇고 가죽질이며 자실체 색상(밑부분 색상)은 회백색~회청색 가루로 덮여 있다.

대
대는 굵고 여러 개로 갈라진다.

포자
4x6㎛ 정도의 구형이고 사마귀 모양의 반점이 있다.

채취
식용 및 약용 목적으로 채취한다.

식용
쌉싸레한 맛을 가진 버섯으로, 식용할 수 있다.

약용
위암 등 항암, 노화 예방, 치매 예방에 효능이 있다.

못처럼 생긴 버섯
못버섯

못버섯과 *Chroogomphus rutilus* 4~10cm

 소나무 숲에서 드물게 발생하는 버섯으로 식용 가능한 버섯이다. 삶으면 검정색으로 변한다. 갓의 색상은 황갈색~적갈색이고 살색은 연한 황갈색, 주름살은 어두운 갈색이다. 대에 턱받이가 있지만 퇴락하여 턱받이가 없는 경우가 많다.
 성숙하면 갓이 편평해지는데 이 때의 생김새가 못처럼 생겼다 하여 못버섯이란 이름이 붙었다.

발생 시기
여름~가을

발생 위치
전국의 소나무 숲 아래에서 홀로 발생하거나 군생한다.

갓 모양
갓의 지름은 2~8cm이고 원추형에서 중앙부는 뾰족한 편평형~산 모양으로 전개한다. 갓의 표면은 축축할 때 점성이 생기고 실 같은 섬유질이 있지만 성숙하면 매끈해진다. 표면 색상은 황갈색~적갈색이다.

주름살
주름살은 성글고 대에 내린형이다. 연한 갈색이었다가 성숙하면 적갈색, 흑갈색으로 변한다.

대
길이 3~8cm이다. 대의 색상은 연한 황갈색~적갈색이고 섬유질처럼 생겼다. 솜털 모양의 턱받이가 있지만 퇴락하여 없는 경우가 많고 기부는 가늘다.

포자
포자의 크기는 20x6㎛ 정도이다. 타원형~방추형이고 표면은 평탄하다.

채취
식용 또는 약용 목적으로 채취한다.

식용
식용 버섯으로 맛은 보통이다.

약용
피부염 등에 약용한다.

식용할 수 있지만 먹지 않는
애주름버섯

애주름버섯과 *Mycena galericulata* 5~15cm

　활엽수나 침엽수 고목, 썩은 나뭇가지에서 발생하는 작은 버섯이다. 주로 활엽수 고목에서 많이 볼 수 있다. 비슷한 버섯으로는 '맑은애주름버섯', '노란애주름버섯' 등이 있다.

　갓의 지름은 2~5cm로 작은 편이다. 버섯의 맛은 마일드한 경우도 있고 썩은 맛이 나는 경우도 있으므로 식용 목적으로 채취하는 경우는 거의 없다.

발생 시기 여름~가을

발생 위치
활엽수 혹은 침엽수 고목, 썩은 나뭇가지에서 무리지어 발생한다.

갓 모양
갓의 지름은 2~5cm이고 종형에서 중앙이 볼록한 편평형으로 전개한다. 갓의 표면은 회갈색~잿빛 갈색이지만 습기가 없으면 퇴락하고 가장자리에 방사형 주름이 있다. 살은 얇고 연한 육질이다.

주름살
주름살은 약간 성글고 대에 완전붙은형이다. 색상은 흰색에서 회백색, 연한 홍색인 경우도 있다.

대
길이 5~13cm이다. 갓과 같은 색이고 하단부가 가끔 부풀 때도 있다.

포자
포자의 크기는 9x7㎛ 정도이다. 광타원형이고 표면은 평탄하다.

채취
식용 버섯이지만 크기가 작아 식용 가치가 없다.

식용
식용할 수 있지만 식용 목적으로 채취하는 경우는 없다.

약용
약용 여부는 알 수 없다.

항암에 효능이 있는
치마버섯

치마버섯과 *Schizophyllum commune* 1~3cm

봄에서 가을 사이에 활엽수 고목이나 쌓아둔 목재에서 발생하는 털이 빽빽한 버섯이다. 표면엔 힌색~회갈색 거친 털이 빽빽하고 밑면은 주름살이 있다. 대는 없고 갓이 목재에 붙어서 발생한다.

국내에서는 식용 여부를 알 수 없지만 멕시코 등지에서는 어린 버섯을 식용한다. 약용할 경우 항암, 노화 예방 등에 효능이 있다.

발생 시기 봄~가을

발생 위치
활엽수나 침엽수 고목이나 죽은 나뭇가지에서 흩어져서 발생하거나 무리지어 발생한다.

갓 모양
갓의 지름은 1~3cm이고 부채형이거나 치마형이고 가장자리가 발 모양으로 갈라진다. 표면에 흰색~회갈색 거친 털이 빽빽하게 밀생해 있다. 살은 가죽질이다.

주름살
주름살 색상은 흰색~회갈색이고 가장자리가 2장씩 포개져 있는 것처럼 보인다

대
대는 없고 갓이 나뭇가지에 붙어서 발생한다.

포자
포자의 크기는 7x2.5㎛ 정도이다. 원통형이고 표면은 평탄하다.

채취
약용 목적으로 채취하는 경우도 있다.

식용
멕시코 등에서는 어린 버섯을 식용한다.

약용
항암, 노화 예방, 면역력 증강에 효능이 있다.

근육 경련에 효능이 있는
콩버섯

콩꼬투리버섯과 *Daldinia concentrica* 1~7cm

　오리나무 같은 활엽수 고목이나 죽은 나뭇가지에서 발생한다. 목재를 분해하여 자연에 환원시키는 버섯이다. 외관은 혹 모양이고 반짝이는 검정색이지만 갈색~검정색 분말로 덮여 있는 경우도 있다. 살은 쉽게 잘 부서진다.
　외국에서는 이 버섯을 지니고 있으면 근육 경련(다리에 쥐가 나는 것)을 막아 준다는 속설이 있다.

발생 시기 봄~늦가을

발생 위치
깊은 산의 오리나무 같은 활엽수 고목이나 죽은 나뭇가지에서 무리지어 발생한다.

갓 모양
갓은 반구 모양이거나 혹 모양이고 지름은 1~7cm이다. 여러 개의 반구형 버섯이 몇 개씩 모여서 나기도 한다. 표면은 갈색빛을 띤 검정색이고 포자 분출 후에는 갈색·검정색 분말로 덮여 있는 경우도 있다. 살색은 흑갈색이거나 보랏빛을 띤 갈색이고 탄소 재질이다. 버섯을 자르면 나이테 모양의 동심원이 보인다.

자실층
긴 타원형의 자낭각이 표층에 밀집해 있다.

대
대는 없고 혹처럼 생긴 버섯이 나뭇가지에 붙어서 발생한다.

포자
포자의 크기는 12×6㎛ 정도이다. 넓은 타원형이고 한쪽이 넓다.

채취 더러 약용 목적으로 채취하는 경우도 있다.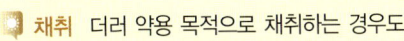

식용 식용 여부를 알 수 없다.

약용
항균, 만성기침에 효능이 있다. 외국에서는 만성기침이나 근육 경련에 약용한 기록이 있다.

콩나물 비슷한 외형의
습지등불버섯

균핵버섯과 *Mitrula paludosa* 2~4.5cm

봄~여름 사이에 발생한다. 깨끗한 개울가, 습지, 늪지의 떠다니는 낙엽이나 나뭇가지 위에서 발생하는 버섯으로 식물 쓰레기를 부패시키는 역할을 한다. 전체적으로 콩나물을 닮았다. 머리는 둥글지만 찌르러진 모양이고, 버섯 대 역시 콩나물 대처럼 생겼지만 반투명이다. Mitrula elegans 나 Mitrula lunulatospora 같은 유사종이 많으므로 현미경으로 관찰해야 한다.

🍄 **발생 시기** 봄~여름

🍄 **발생 위치**
맑은 계곡 가나 습지 가에 떠다니는 낙엽 같은 부유물 위에서 발생한다. 일반적으로 물가의 촉촉한 곳에서 자란다.

🍄 **갓 모양**
머리는 콩나물 머리처럼 둥글지만 길쭉하거나 찌그러져 있어 모양이 제각각이다. 머리의 지름은 1cm 내외이다.

🍄 **자실층**
머리에 불규칙한 주름살이 있고 머리 속은 비어 있다.

🍄 **대**
콩나물대처럼 생겼지만 반투명이고 흰색이다. 대의 길이는 최대 4cm이다.

🍄 **포자**
포자의 크기는 15×3㎛ 정도이다. 직사각형이거나 길쭉한 타원형이다.

🍄 **채취**
필요한 경우 봄~초여름 사이에 채취한다.

🍄 **식용** 식용 불명이다.

🍄 **약용** 약용 불명이다.

식용 여부를 알 수 없는
이끼패랭이버섯

미분류상태 Rickenella fibula 0.5~1cm

　봄~가을 사이에 숲이나 정원의 이끼나 나무의 이끼에서 발생하는 등황색의 작은 버섯이다. 갓의 지름은 1cm 정도이고 대를 포함한 전체 높이는 5cm 정도이다. 갓은 종형에서 거의 편평형으로 전개한다. 속명은 아직 분류되지 않았지만 정식 명칭은 '애이끼버섯'으로 결정되었다. 흔히 '이끼패랭이버섯'이라고도 한다. 전체적으로 졸각버섯과 비슷하지만 크기가 작다. 식용 및 약용 여부는 명확하게 알려지지 않았다.

발생 시기 봄~가을

발생 위치
숲의 이끼 위에서 독자생존하거나 무리지어 군생한다.

갓 모양
갓의 지름은 0.5~1cm이다. 갓은 종형에서 둥근 산 모양으로 성장한다. 갓의 색상은 등황색이고 습기가 많으면 주름이 있다. 갓에 미세한 털이 있다.

주름살
주름살 간격은 성기고 내린주름살이다. 주름살 색상은 흰색이다.

대
길이 2~5cm이고 갓과 비슷한 색상이다. 대의 속은 비어 있고 표면에 미세한 털이 있다. 노년기에는 버섯대가 잘 부서진다.

포자
포자의 크기는 6.5×3㎛ 정도이다. 긴 타원형이고 표면은 매끄럽다.

채취 필요한 경우 채취한다.

식용 식용 불명이다.

약용 약용 불명이다.

항암, 페결핵에 효능이 있는
노린재동충하초

동충하초과 *Cordyceps nutans* 5~17cm

 동충하초 중에서 가장 흔하게 보이는 것이 노린재 사체에서 발생하는 노린재동충하초이다. 활엽수 숲이나 계곡의 모기가 많은 곳에서 낙엽이 쌓여 있는 곳에서 흔히 발생한다. 노린재 사체는 낙엽 사이의 땅에 매몰되어 있고 노린재의 배나 가슴에서 1~3개의 노린재동충하초가 올라온다.
 전체적으로 가죽질의 질긴 질감이 있고 머리 부분은 광택이 있다. 채취할 때는 숙주인 노린재까지 함께 채취해야 가치를 인정받는다.

발생 시기 여름~가을

발생 위치
노린재 성충을 숙주로 하여 발생하는 버섯이다. 숲의 모기가 많은 곳으로 가서 노린재 성충이 죽어 있는지 찾아보는데 보통 땅 속에 성충이 묻혀 있고 그 위에 노린재동충하초가 발생한다. 노린재 1마리당 보통 1~3개의 동충하초가 생긴다.

갓 모양
머리는 방추형~원주형이고 크기는 최대 10×2mm이다. 머리의 색상은 등황색이고 질긴 가죽질이고 광택이 있다.

자실층 머리의 외피에 몰려 있다.

대
흑갈색이고 철사형이다. 길이 1~10cm이다. 머리를 포함한 전체 길이는 5~17cm이다.

포자 원통 모양이고 표면은 미끈하다.

채취 항암 약재로 흔히 채취한다.

식용
식용 불명이지만 약용 목적으로 술을 담가 먹기도 한다.

약용
일반 동충하초에 준해 약용한다. 항암, 폐결핵, 당뇨, 면역 증강, 감기에 효능이 있다.

나방 번데기를 숙주로 하는
번데기동충하초

동충하초과 *Cordyceps militaris* 1~7cm

　일반적으로 말하는 동충하초의 하나이다. 모기가 많은 계곡가의 물 빠짐이 좋은 장소에서 흔히 발생한다. 겨울에 나방 번데기에 기생했다가 번데기를 죽인 뒤 그것을 숙주로 하여 발생한다. 번데기의 몸통에서 발생하며 1~5개가 발생하거나 1개가 여러 개로 잔가지를 내어 발생한다. 낙엽 사이에 묻혀 있으므로 채취할 때는 숙주인 번데기까지 함께 채취한다. 농장에서 재배하는 경우도 많다.

▲ 번데기동충하초
◀ 땅벌동충하초
▼ 벌동충하초

- **발생 시기** 늦봄~초가을

- **발생 위치**
  계곡가의 물 빠짐이 좋은 곳에서 번데기 사체를 숙주로 하여 발생한다. 번데기 사체에서 1~5개가 발생하거나 하나가 여러 갈래로 분지하여 자란다.

- **갓 모양**
  머리는 원통형~곤봉형이고 진한 주황색이다.

- **자실체** 머리 부분에 있다.

- **대** 머리와 대를 포함한 전체 길이는 1~5cm이다.

- **포자** 원통방추형이고 표면은 미끈하다.

- **채취** 약용 목적으로 채취한다.

- **식용**
  식용 불명이지만 약용 목적으로 술을 담그기도 한다.

- **약용**
  일반 동충하초에 준해 약용한다. 항암, 폐결핵, 당뇨, 면역 증강, 감기에 효능이 있다.

참고 • 동충하초는 나방 외의 매미, 벌, 딱정벌레 등에서도 발생하며 각각 다른 이름을 가지고 있다.

머리와 자루의 색이 비슷한
유충붉은자루동충하초

동충하초과　*Cordyceps cardinalis*　4cm

　곡나방과의 곤충인 '큰자루긴수염나방'이나 '비단긴수염나방' 등의 유충에서 발생하는 동충하초이다. 국내에서는 제주도 등에서 발생하며 속명은 있지만 한글명은 정확하게 정해지지 않았다. 전체 길이는 약 4~5cm 내외이고 머리와 자루의 색이 주황색이다. 하나의 유충에서 최대 26개까지 발생한다. 비슷한 동충하초로는 쐐기나방 번데기에서 발생하는 '붉은자루동충하초'가 있다.

발생 시기 여름

발생 위치
제주도에서 흔히 발생하며 하나의 유충당 1~26개의 동충하초가 발생한다.

갓 모양
머리는 길쭉한 곤봉형이고 주황색이다. 길이는 2.5cm 내외이다.

자실층 머리에 몰려 있다.

대
대의 색깔도 주황색이다. 머리를 포함한 전체 길이는 약 4~5cm으로 추정된다.

포자 선 모양이다.

채취 필요한 경우 채취한다.

식용 식용 불명이다.

약용
약용 불명이지만 일반적인 동충하초에 준해 약용한다.

참고 • 동충하초는 숙주인 번데기의 종류에 따라 이름이 달라진다. 그러므로 동충하초를 채취했을 때는 숙주가 어떤 곤충의 사체인지 확인하는 작업이 필요하다.

찾아보기

ㄱ

간버섯 154
갈색날긴뿌리버섯 62
갈색꽃구름버섯 189
갈황색미치광이버섯 141
개암버섯 244
고깔쥐눈물버섯 151
고깔먹물버섯 151
고리갈색깔대기버섯 193
곰보버섯 35
과립주발버섯 290
광비늘주름버섯 136
구름버섯 156
귀신그물버섯 283
기계충버섯 197
긴대안장버섯 43
까치버섯 293
껄껄이그물버섯 149
꽃구멍장이버섯 234
꽃방패버섯 234
꽃버섯 113
꽃송이버섯 195
꾀꼬리버섯 263
끈적긴뿌리버섯 65

ㄴ

난버섯 30
노란달걀버섯 96
노란대주름버섯 136
노랑느타리 257
노랑망태버섯 116
노랑싸리버섯 227
노루궁뎅이버섯 25
노란난버섯 33
노란다발 247
노린재동충하초 311
느타리 255
능이버섯 22

ㄷ

달걀버섯 93
덕다리버섯 182
도장버섯 160

독우산광대버섯 102
두엄먹물버섯 130
들주발버섯 286
등갈색미로버섯 167
등황색아교뿔버섯 218
땅벌동충하초 314
때죽도장버섯 163

ㅁ

마귀곰보버섯 40
말불버섯 272
망그물버섯 143
망태버섯 121
먹물버섯 127
메꽃버섯부치 175
목도리방귀버섯 204
목이버섯 207
목질진흙버섯 191
못버섯 296
문경곰보버섯 35

ㅂ

번데기동충하초 313
벌동충하초 314
벽돌빛잔나비버섯 173
복령 179
부채메꽃버섯 177
부채버섯 73
붉은비단그물버섯 146

붉은싸리버섯 229
붉은점박이광대버섯 99
비늘말불버섯 275
뽕나무버섯 57
뽕나무버섯부치 60
뽕나팔버섯 266

ㅅ

상황버섯 191
색시졸각버섯 78
세발버섯 124
솔바늘버섯 202
솔방울그물버섯 283
송이버섯 45
수원무당버섯 253
습지등불버섯 306
싸리버섯 225

ㅇ

아교뿔버섯 218
아교좀목이 213
암회색광대버섯아재비 105
애기낙엽버섯 86
애주름버섯 299
앵두낙엽버섯 90
양파광대버섯 103
연기색만가닥버섯 106
영지 220
요리솔밭버섯 54

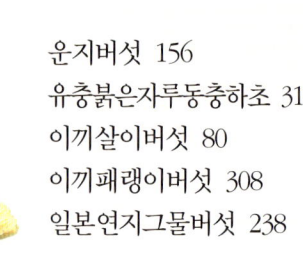

운지버섯 156
유충붉은자루동충하초 316
이끼살이버섯 80
이끼패랭이버섯 308
일본연지그물버섯 238

ㅈ・ㅊ

자주주발버섯 288
잔나비걸상버섯 220
잔나비불로초 220
잣버섯 50
자주방망이버섯아재비 68
자주졸각버섯 77
적갈색애주름버섯 84
접시껄껄이그물버섯 149
조개껍질버섯 169
졸각버섯 76
좀나무싸리버섯 232
좀말똥버섯 139
좀말불버섯 278
줄바늘버섯 202
처녀버섯 111
치마버섯 301
침비늘버섯 241

ㅋ・ㅌ

콩나물애주름버섯 71
콩버섯 304
큰갓버섯 268
큰눈물버섯 133
큰줄버섯 199
키다리말징버섯 280
키다리말불버섯 280
털목이 210
테두리방귀버섯 204

ㅍ・ㅎ

표고버섯 259
한입버섯 184
향버섯 22
혀버섯 215
화병꽃버섯 114
화병벚꽃버섯 114
황갈색시루뻔버섯 187
황소비단그물버섯 236
흙무당버섯 250
흰가시광대버섯 103
흰느타리 257
흰둘레줄버섯 199
흰털깔대기버섯 108